Welt der Zahl 3

Herausgegeben von
Prof. Dr. Hans-Dieter Rinkens
Kurt Hönisch
Gerhild Träger

Erarbeitet von
Nadine Franke-Binder, Kurt Hönisch,
Claudia Neuburg, Prof. Dr. Hans-Dieter Rinkens,
Dr. Thomas Rottmann, Michaela Schmitz, Gerhild Träger

Schroedel

Inhaltsverzeichnis

Inhaltsbezogene Kompetenzen

- Umgang mit Zahlen und Operationen
- Umgang mit Raum und Form
- Messen und Umgang mit Größen
- Umgang mit Daten, Häufigkeiten, Wahrscheinlichkeiten

Wiederholung und Vertiefung

1

52 + 8 = 60 ____
90 + 9 = ____ ____
39 + 9 = ____ ____
93 + 7 = ____ ____
16 + 8 = ____ ____
37 + 5 = ____ ____
36 + 4 = ____ ____
57 + 6 = ____ ____

2

15 + 25
10 + 35
10 + 32
50 + 20
22 + 20
20 + 58
16 + 40
29 + 70
10 + 14
10 + 30

3 ABC

11 – 8
96 – 60
100 – 1
92 – 20
51 – 9
72 – 9

4 ABC

18 + 60
60 + 40
14 + 10
18 + 10
54 + 30
8 + 20
12 + 30
25 + 20
28 + 50

5 ABC

86 – 6
43 – 7
98 – 2
51 – 9
33 – 9
34 – 6
55 – 7
45 – 3

6 ABC

94 10
63 – 60
82 – 40
86 – 30
66 – 10
92 – 50
94 – 30
68 – 20
85 – 80
79 – 70
63 – 60

Weißt du das noch?

1 Nachbarzahlen.

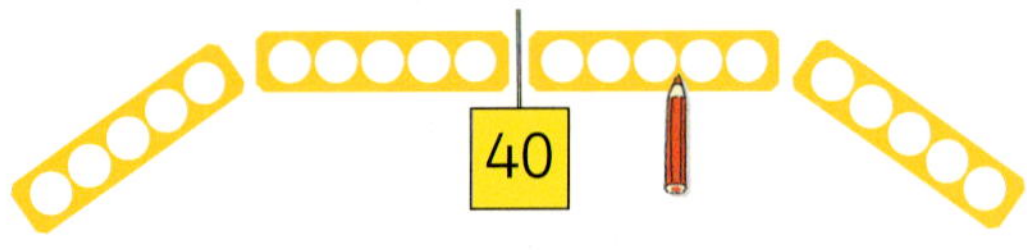

a)

V	Zahl	N
42	43	44
	38	
	96	
		72

b)

V	Zahl	N
	51	
72		
		60
		81

c) Schreibe alle geraden Zahlen aus der Tabelle a) auf.

d) Schreibe alle ungeraden Zahlen aus der Tabelle b) auf.

2 Benachbarte Zehnerzahlen.

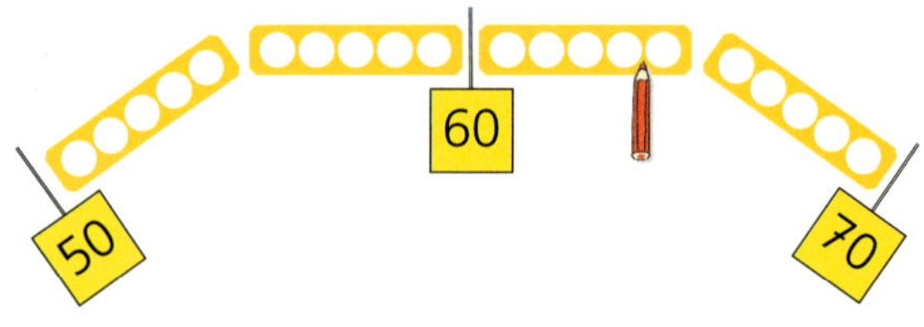

a)

60	64	70
	37	
	52	
	89	

b)

	23	
	74	
	48	
	95	

c) Vor und zurück zur nächsten Zehnerzahl.

55 + ___ = 60
55 – ___ = 50
67 + ___ = 70
67 – ___ = 60

26 + ___ = 30
26 – ___ = 20
83 + ___ = 90
83 – ___ = 80

3 a) Welche Zahlen werden am Zahlenstrahl gezeigt? Schreibe auf: A = ___

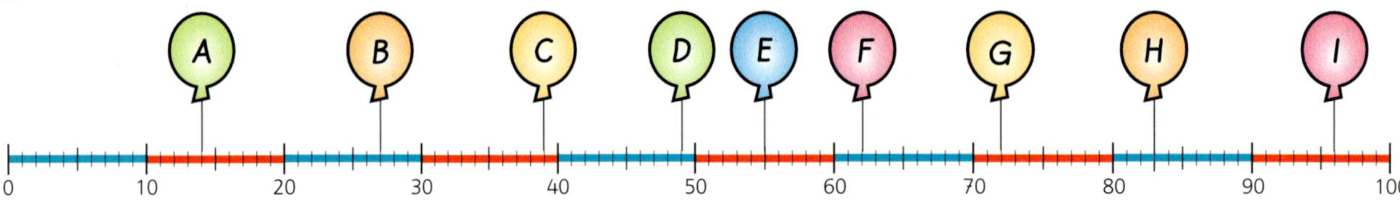

b) Zahlen bis 100 vergleichen.

1	4	<	3	6

9	3	>	8	4

4 Verwandte Aufgaben

a)

b)

c)

d)

5 Welche Zahlen fehlen?

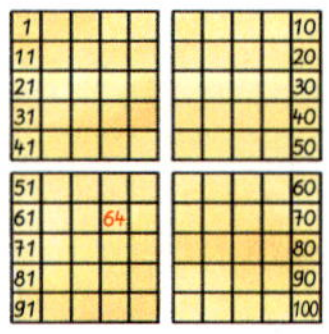

a)

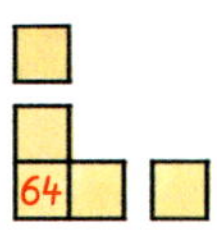

b)

6 Schreibe die Aufgabe in dein Heft.

a) Von 43 drei Schritte nach unten.

b) Von 64 sechs Schritte nach oben.

c) Von 18 fünf Schritte nach links.

d) Von 31 vier Schritte nach rechts.

e) Von 36 zwei Schritte nach unten dann drei Schritte nach rechts.

3 Zwei Zahlen wählen (durchstreichen) und vergleichen.

1 Zehnerzahlen addieren und subtrahieren.

40 + 20 = 60 60 – 20 = 40

a)
50 + 20
60 + 20
70 + 20

b)
20 + 10
30 + 20
40 + 30

c)
80 – 50
80 – 40
80 – 30

d)
90 – 20
80 – 30
70 – 40

2 Verdoppeln und halbieren.

a)

Zahl	15		25		35	
Das Doppelte		40		60		80

b) Immer das Doppelte:
34 43 45 17 26

c)

Zahl		24		30		84
Die Hälfte	11		14		17	

d) Immer die Hälfte:
44 88 62 26 90

e) Welche Zahlen kannst du halbieren? Wie groß ist die Hälfte?
17 26 31 32 70 77 99

3 Addieren und Subtrahieren über die Zehner.

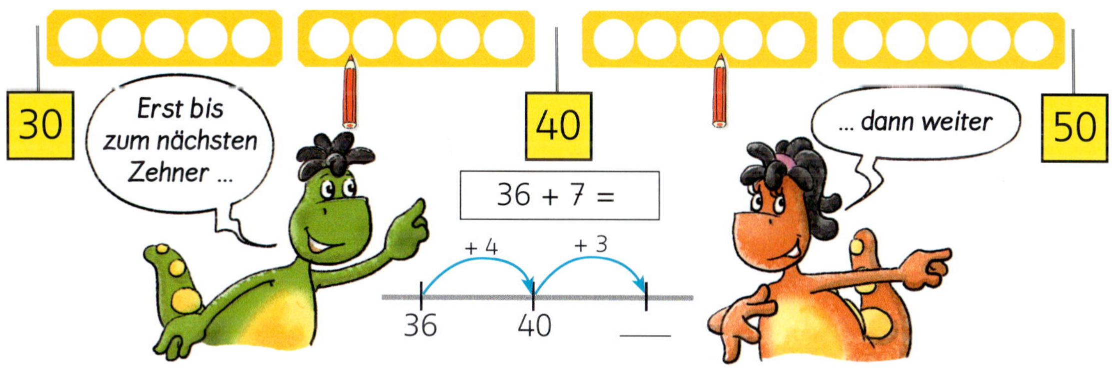

4

a) 64 + 9
68 + 7
65 + 6

b) 28 + 6
78 + 4
48 + 7

c) 43 – 9
56 – 8
72 – 9

d) 71 – 6
73 – 8
66 – 9

e) 66 – 8
55 + 6
44 – 9

5 Geheimschrift

30 + 24 = 54 67 – 30 = 37

6

a) 36 + 40
47 + 20
19 + 80

b) 61 – 50
91 – 50
81 – 50

c)

+ 30

18	
	78
56	

– 60

	24
74	
	34

7 Multiplizieren

a) 2 · 3
5 · 3
10 · 3

b) 2 · 5
5 · 5
10 · 5

c) 2 · 7
5 · 7
10 · 7

d) 2 · 9
5 · 9
10 · 9

1

2
a) 24 + 26
46 + 46

b) 29 + 53
23 + 23

c) 48 + 32
55 + 19

d) 24 + 28
47 + 21

e) 55 + 35
33 + 24

f) 69 + 17
39 + 25

46 50 52 57 64 68 68 74 80 82 86 90 92

3
a) 14 + 18
24 + 28
34 + 38

b) 13 + 12
23 + 22
33 + 32

c) 67 + 26
57 + 36
47 + 46

d) 52 + 26
42 + 36
32 + 46

e) 58 + 41
48 + 31
38 + 21

4

a) 49 + 26
49 + 35
29 + 26
39 + 55
79 + 14

b) 59 + 17
39 + 44
39 + 28
19 + 62
29 + 54

c) 24 + 69
18 + 69
17 + 79
12 + 89
49 + 49

5

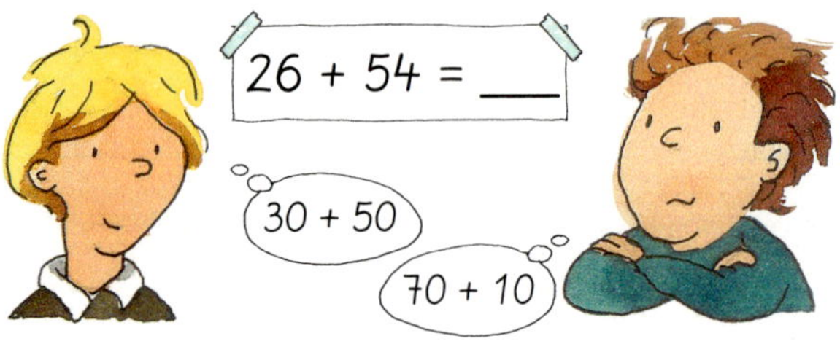

a) 26 + 54
37 + 23
28 + 32
32 + 48
14 + 36

b) 36 + 54
49 + 31
45 + 25
13 + 47
22 + 58

c) 75 + 15
42 + 28
36 + 34
27 + 63
44 + 26

6
Erst schauen, dann rechnen.

a) 28 + 37 + 2
35 + 48 + 5
59 + 11 + 6
35 + 42 + 8

b) 34 + 34 + 16
23 + 27 + 30
37 + 45 + 13
68 + 26 + 12

c) 26 + 29 + 14
32 + 27 + 13
29 + 14 + 46
26 + 24 + 31

d) 33 + 37 + 29
24 + 42 + 26
15 + 38 + 22
48 + 12 + 14

65 67 69 72 74 75 76 80 81 84 85 88 89 92 95 99 106

7
In jedem blauen Waggon ist eine Zahl der Fünfer-Reihe versteckt.

3 Starke Aufgaben: Gesetzmäßigkeit erkennen, Aufgabenfolge fortsetzen.

1

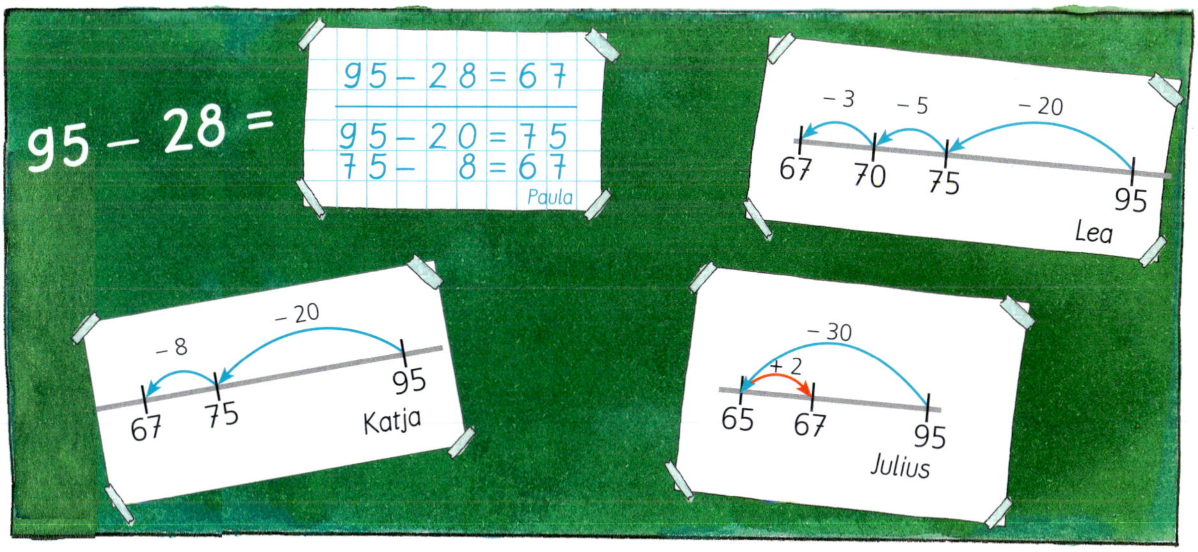

2

a)	b)	c)	d)	e)	f)
76 – 49	57 – 27	74 – 39	62 – 37	94 – 72	67 – 48
94 – 61	82 – 56	57 – 25	96 – 68	95 – 59	68 – 34

19 22 25 26 27 28 30 31 32 33 34 35 36

3 Minus-Aufgaben mit Spiegelzahlen.

a)	b)	c)	d)	e)
41 – 14	53 – 35	94 – 49	84 – 48	43 – 34
52 – 25	64 – 46	83 – 38	73 – 37	54 45
63 – 36	75 – 57	72 – 27	62 – 26	65 – 56

f) Betrachte die Ergebnisse der Päckchen. Was fällt dir auf?
Alle Ergebnisse gehören zur ____-Reihe.

g) Kannst du noch ein Päckchen zu einem anderen Ergebnis aufschreiben?

4

a)	b)	c)
76 – 29	68 – 19	65 – 39
97 – 49	96 – 39	84 – 69
44 – 19	36 – 19	93 – 89
58 – 39	83 – 49	71 – 49
82 – 29	95 – 59	88 – 79

5 Alle Ergebnisse eines Päckchens gehören zu derselben Einmaleinsreihe.

a)	b)	c)	d)	e)	f)
93 – 69	76 – 69	73 – 48	45 – 29	36 – 18	63 – 39
84 – 54	70 – 56	47 – 27	91 – 73	86 – 59	81 – 54
72 – 36	79 – 58	84 – 69	55 – 35	83 – 47	72 – 42

6 Addiere die beiden Ergebnisse. Was fällt auf?

a)	b)	c)	d)	e)	f)
35 – 4	54 – 6	58 – 20	49 – 21	36 – 35	64 – 15
35 + 4	54 + 6	58 + 20	49 + 21	36 + 35	64 + 15

7 In jedem Waggon ist eine Zahl der Vierer-Reihe versteckt.

3 Starke Aufgaben: Gesetzmäßigkeit erkennen, Aufgabenfolge fortsetzen.

Kreative Aufgaben: Minus-Trauben

1

f) Was fällt dir auf? Oben in der Mitte immer ____, unten immer ____.

2

f) Was fällt dir auf? Finde eine weitere Traube.

g) Wie heißt die Regel?
Oben in der Mitte immer ____, unten immer ____.

3

a)

b)

c)

d) Von Traube zu Traube: Oben außen immer ____, unten immer ____.

4

a)

b)

c)

d)

e) Von Traube zu Traube: Oben in der Mitte immer ____, unten immer ____.

1 – 4 Minus-Traube: Benachbarte Zahlen subtrahieren, die Differenz in die Mitte darunter schreiben.

1

a) Wie viele Mädchen sind in Lauras Klasse?

b) Wie viele Jungen sind in Lauras Klasse?

c) Sind in der Klasse 3b mehr oder weniger Mädchen als in Lauras Klasse?

d) Wie viele Jungen sind in der Klasse 4a?

e) Wie viele Mädchen sind in der Klasse 4b?

f) Sind in der Klasse 4c mehr oder weniger Jungen als in der Klasse 4b?

g) In welcher Klasse sind die meisten Mädchen?

h) In welcher Klasse sind die meisten Jungen?

i) In welchen Klassen gibt es mehr Mädchen als Jungen?

j) Wie viele Freundinnen hat Laura in ihrer Klasse?

2 Stellt euch gegenseitig weitere Fragen.

3 a)

F: Wie viele Kinder sind in der Klasse 3a?

L: 9 Mädchen, 14 Jungen

9 + 14 = ____

A: ____ Kinder sind in der Klasse 3a.

b)

4 a)

F: Wie viele Jungen ...

L: 3a 14 3b 11 3c 13

____ + ____ + ____ = ____

A: ________________

b)

5

F: Wie viele Jungen ...

L: 3. Klasse ____
4. Klasse ____

____ + ____ = ____

6

7 Wie ist es an eurer Schule? Schreibt die Zahlen für die dritten und vierten Klassen auf. Stellt euch gegenseitig Fragen.

1 Schreibe zu jedem Punktefeld zwei Mal-Aufgaben.

a) b) c) d)

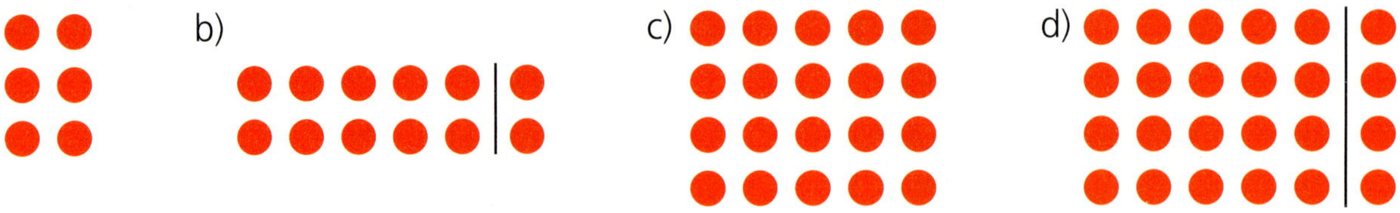

2 Von den Sonnen-Aufgaben zu den Nachbaraufgaben.

a) 5 · 4, 6 · 4, 7 · 4
b) 2 · 8, 3 · 8, 4 · 8
c) 10 · 3, 9 · 3, 8 · 3

•	1	2	3	4	5	6	7	8	9	10
1	1	2	3	4	5	6	7	8	9	10
2	2	4	6	8	10	12	14	16	18	20
3	3	6	9	12	15	18	21	24	27	30
4	4	8	12	16	20	24	28	32	36	40
5	5	10	15	20	25	30	35	40	45	50
6	6	12	18	24	30	36	42	48	54	60
7	7	14	21	28	35	42	49	56	63	70
8	8	16	24	32	40	48	56	64	72	80
9	9	18	27	36	45	54	63	72	81	90
10	10	20	30	40	50	60	70	80	90	100

3 Von den Quadratzahlen zu den Nachbaraufgaben.

a) 2 · 2, 1 · 2, 3 · 2
b) 3 · 3, 2 · 3, 4 · 3
c) 5 · 5, 4 · 5, 6 · 5
d) 4 · 4, 3 · 4, 5 · 4

4

a) 6 · 7, 7 · 8, 8 · 9
b) 6 · 9, 7 · 3, 3 · 5
c) 3 · 3, 7 · 9, 10 · 5
d) 4 · 7, 6 · 8, 4 · 4
e) 4 · 8, 6 · 4, 3 · 9
f) 5 · 7, 6 · 3, 8 · 6

5

a) 3 | 5 | 7 · 4 | 6 | 8
b) 3 | 6 | 9 · 5 | 7 | 9

a) 3 · 4 = 12   5 · 4 =   7 · 4 =
3 · 6 =   5 · 6 =   7 · 6 =
3 · 8 =   5 · 8 =   7 · 8 =

6 In Achter-Sprüngen vorwärts und rückwärts. Schreibe alle Ergebnisse auf.

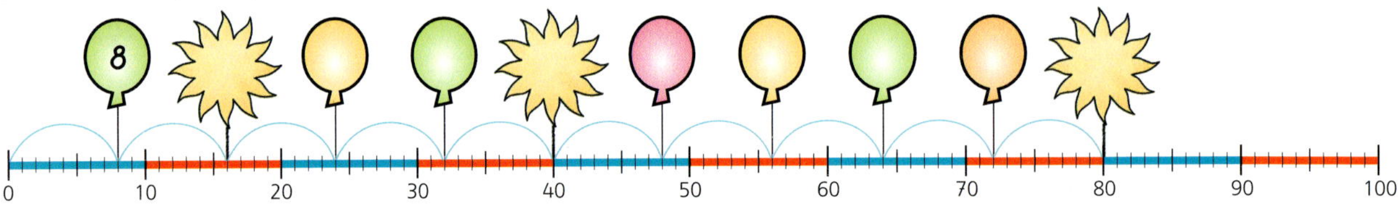

7 Wie viele Sprünge sind es?

a) 

40 : 8 = ___

b) 

___

c) 

___

d) 

___

e) 

___

8 Schreibe auch die Mal-Aufgabe.

a) 16 : 8, 56 : 8
b) 20 : 4, 24 : 4
c) 15 : 5, 35 : 5
d) 18 : 6, 36 : 6
e) 14 : 7, 28 : 7
f) 27 : 9, 36 : 9

9 Verteile gerecht 25 Sticker:

a) an 6 Kinder
b) an 3 Kinder
c) an 4 Kinder
d) an 8 Kinder
e) an 7 Kinder
f) an 2 Kinder

a) 25 : 6 = 4 Rest 1
Jedes Kind bekommt 4 Sticker.
1 Sticker bleibt übrig.

1

2

Zahlenkarten: 4, 10, 8, 6

__ · __ = 24
__ · __ = 32
__ · __ = 40
__ · __ = 48
__ · __ = 60
__ · __ = 80

3

Zahlenkarten: 7, 2, 8, 4

__ · __ = __
__ · __ = 14
__ · __ = 16
__ · __ = 28
__ · __ = 32
__ · __ = __

4

Zahlenkarten: 10, 9, 3, 5

__ · __ = __
__ · __ = 27
__ · __ = 30
__ · __ = 45
__ · __ = 50
__ · __ = __

5

Zahlenkarten: 5, 7, 4, __

__ · __ = 20
__ · __ = 24
__ · __ = 28
__ · __ = 30
__ · __ = 35
__ · __ = 42

6

Zahlenkarten: 9, 2, 8, __

__ · __ = 14
__ · __ = 16
__ · __ = 18
__ · __ = 56
__ · __ = 63
__ · __ = 72

7

Zahlenkarten: 10, __, __, __

__ · __ = 12
__ · __ = 18
__ · __ = 24
__ · __ = 30
__ · __ = 40
__ · __ = 60

8

Zahlenkarten: 7, __, __, __

__ · __ = 20
__ · __ = 28
__ · __ = 32
__ · __ = 35
__ · __ = 40
__ · __ = 56

9

Zahlenkarten: 6, __, __, __

__ · __ = 42
__ · __ = 48
__ · __ = 54
__ · __ = 56
__ · __ = 63
__ · __ = 72

Multi-Pack: Aus vier verschiedenen Zahlenkarten sechs Mal-Aufgaben bilden. Aufgabe und Tauschaufgabe gelten als eine Aufgabe. Gesetzmäßigkeiten entdecken und anwenden: Einmaleinsreihen vernetzen.

Uhrzeit

1 Wie spät ist es? Schreibe immer zwei Uhrzeiten auf.

a) 

a)	4.15 Uhr
	16.15 Uhr

b) 

c) 

d) 

2 Immer zwei Karten gehören zusammen. Schreibe so: 20 vor 8 = ...

20 vor 8 | 12.15 Uhr | 9.35 Uhr | 5 nach halb 10 | 19.40 Uhr | 5 vor halb 3 | 14.25 Uhr | 8.10 Uhr | 10 nach 8 | Viertel nach 12

3 Immer zwei Karten gehören zusammen.

2 h | 90 min | 15 min | 1 h | 60 min | $\frac{1}{4}$ h | $1\frac{1}{2}$ h | 45 min | $\frac{1}{2}$ h | 120 min | 30 min | $\frac{3}{4}$ h

4 a) Wie spät ist es? Schreibe immer zwei Uhrzeiten auf.

A 

B 

C 

D 

E 

F 

b) Wie viele Minuten sind seit der letzten vollen Stunde vergangen?

c) Wie viele Minuten sind es bis zur nächsten vollen Stunde?

5 Nimm die Uhrzeiten von Aufgabe 4. Wie viel Uhr ist es

a) in zwei Stunden b) in 20 Minuten c) in 4 Stunden d) in 10 Minuten?

6 A 

B 

C 

D 

E 

a) Wie viele Minuten sind seit der letzten vollen Stunde vergangen?

b) Wie viele Minuten sind es bis zur nächsten vollen Stunde?

c) Wie viel Zeit ist seit Beginn des Tages vergangen?

d) Wie viel Zeit vergeht noch bis zum Ende des Tages?

7 Nimm die Uhrzeiten von Aufgabe 6. Wie viel Uhr war es

a) vor 3 Stunden b) vor 10 Minuten c) vor 5 Stunden d) vor 30 Minuten?

8 Wie viele Minuten sind es?

a) 1 h 15 min
1 h 30 min

b) $\frac{1}{2}$ h
$\frac{1}{4}$ h

c) 1 h 40 min
1 h 35 min

d) $\frac{3}{4}$ h
1 h 5 min

e) 1 h 25 min
1 h 10 min

9 Wie viele Stunden und Minuten sind es? Schreibe so: a) 91 min = 1 h 31 min

a) 91 min b) 74 min c) 100 min d) 110 min e) 90 min

Zeitspannen

Ich heiße Nina und gehe in die Klasse 3 c der Parkschule. Ich fahre jeden Tag mit dem Bus zur Schule. Mein Schultag dauert bis zum Nachmittag. Nach dem Unterricht mache ich in der Schule meine Hausaufgaben und nehme an verschiedenen Sportkursen teil.

7.28 Uhr: Abfahrt des Busses

8 min: Schulweg von Zuhause bis zur Haltestelle

7.55 Uhr: Beginn der Schule

15 min: Dauer der Busfahrt

1 Nina muss jeden Tag genau auf die Uhrzeit achten, damit sie nicht den Bus verpasst.

a) Um wie viel Uhr muss Nina spätestens das Haus verlassen, um pünktlich an der Haltestelle zu sein?

b) Der Bus hält direkt an der Schule. Um wie viel Uhr ist Nina an der Schule?

c) Wie viele Minuten kann Nina vor der Schule noch spielen bevor der Unterricht beginnt?

d) Am Nachmittag fährt der Bus um 16.03 Uhr wieder an der Schule ab. Um wie viel Uhr ist Nina wieder im Haus? Denke an den Weg von der Haltestelle bis nach Hause.

2 Am Donnerstag beginnt Ninas Unterricht wie jeden Tag um 7.55 Uhr. Sie hat fünf Stunden Unterricht. Unterrichtsschluss ist um 12.35 Uhr. Wie lange dauert Ninas Unterricht? Wie haben die Kinder gerechnet? Erkläre.

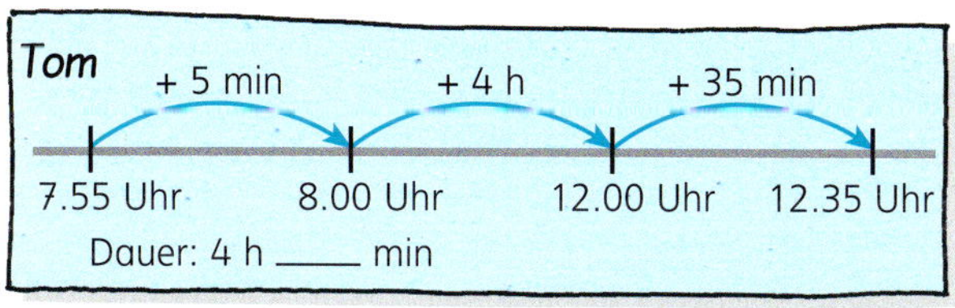

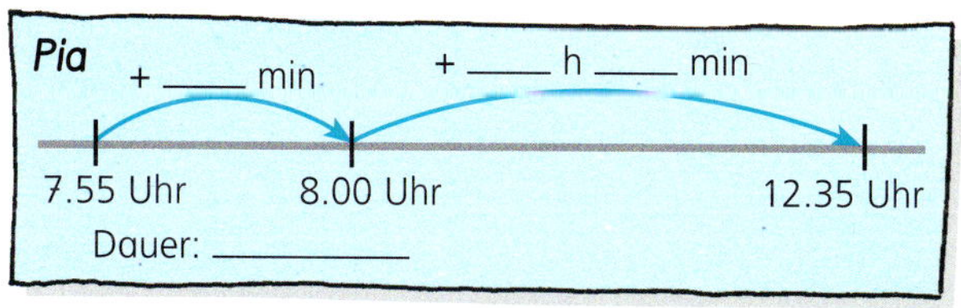

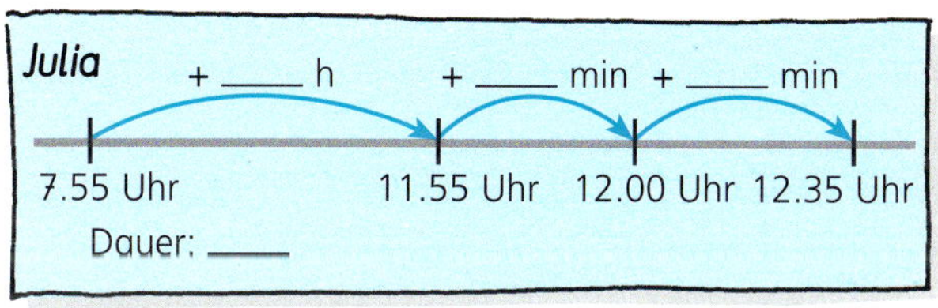

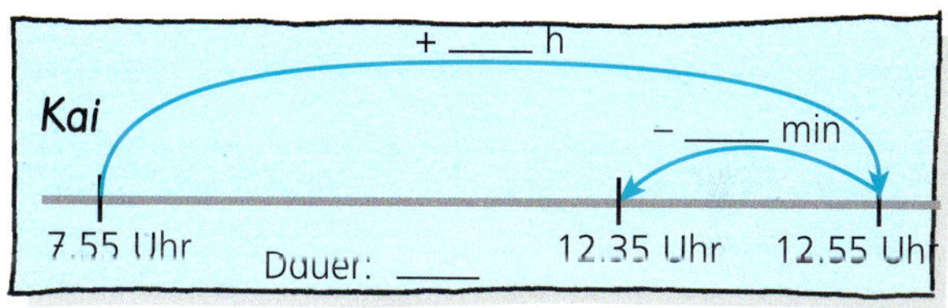

3 a) Wie viel Zeit bleibt Nina für das Mittagessen?

b) Für die Hausaufgaben braucht Nina 45 Minuten. Um wie viel Uhr ist sie mit den Hausaufgaben fertig?

12.35 Uhr: Unterrichtsschluss

13.10 Uhr: Hausaufgaben

4 Am Nachmittag nehmen die Kinder der Offenen Ganztagsschule an Arbeitsgemeinschaften teil.

a) Nina spielt Basketball. Wie lange dauert die Basketball-AG?

b) Anna nimmt an der Tanz-AG teil.

c) Tom ist Ninas Freund. Er kann besonders gut malen. Deshalb freut er sich darüber, dass auch eine Kunst-AG angeboten wird. Wie lange dauert die Kunst-AG?

Basketball-AG:
14.30 Uhr – 15.15 Uhr

Tanz-AG:
13.35 Uhr – 14. 20 Uhr

Kunst-AG:
14.45 Uhr – 16.00 Uhr

5 Vor dem Abendessen spielt Nina noch mit ihrer Freundin. Um wie viel Uhr kam die Freundin zu ihr?

$1\frac{1}{2}$ h: Spielen

18.45 Uhr: Abendessen

Kreative Aufgaben: Kugelbahn und Ziffernkarten

1

	· 5 →	+ 10 →	: 5 →
7	35	45	
3			
8			

2

a)

b)

c)

3 Vergleiche bei den Kugelbahnen von Aufgabe 2 Startzahl und Zielzahl.

a) Zu welcher Kugelbahn passt die Regel?
Regel: Die Zielzahl ist immer um 3 kleiner als die Startzahl.

b) Findest du die Regeln zu den anderen beiden Kugelbahnen?

4

a)

b)

c)

d) Vergleiche Startzahl und Zielzahl. Wie heißen die Regeln zu den Kugelbahnen?

5 Rechne mit vier Ziffernkarten nacheinander drei Aufgaben:
Erst multiplizieren, dann addieren, dann subtrahieren.

4 7 3 8

Es gibt viele Möglichkeiten.
Finde verschiedene Ergebnisse.

4 · 7 = 28	7 · 3 = 21
28 + 3 = 31	21 + 4 =
31 – 8 =	

6 a) Finde zu den Ziffernkarten von Aufgabe 5 ein möglichst großes Ergebnis.

b) Finde ein möglichst kleines Ergebnis.

7 Erst multiplizieren, dann addieren, dann subtrahieren.
Finde ein möglichst großes Ergebnis.

a) 2 5 6 9

b) 3 7 5 9

c) 4 8 1 6

d) 7 2 8 4

e) Findest du die Regel?
Erst die beiden ___ Zahlen multiplizieren, dann addieren,
am Schluss die ___ Zahl subtrahieren.

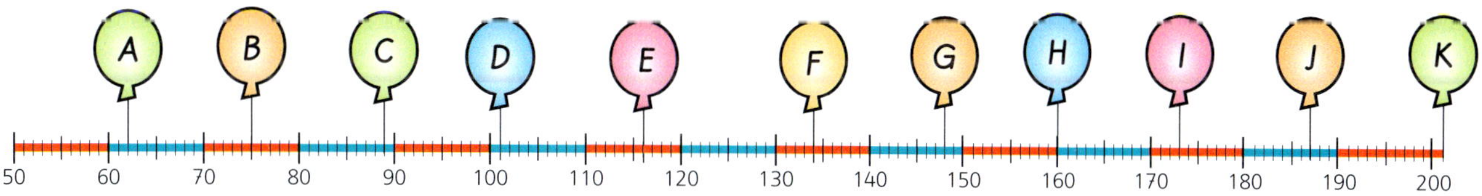

1 Welche Zahlen werden hier gezeigt? Schreibe: A = 62, B = ___

2 Zahlenrätsel. Welche Zahl ist hier gemeint?

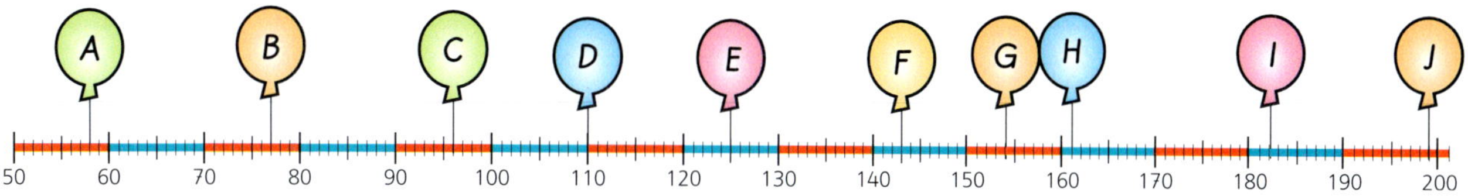

a) Die Zahl ist kleiner als 60.
b) Die Zahl liegt zwischen 120 und 130.
c) Die Zahl ist um 4 kleiner als 100.
d) Die Zahl ist um 3 größer als 140.
e) Die Zahl ist eine Zehnerzahl.
f) Die Zahl ist kleiner als 100 und ungerade.
g) Die Zahl ist um 6 kleiner als 160.
h) Die Zahl ist größer als 160 und gerade.
i) Die Zahl ist der Nachfolger von 160.
j) Die Zahl ist der Vorgänger von 200.

3 Vor und zurück zur nächsten Zehnerzahl. Zeige die Zahl am Zahlenstrahl. Dann schreibe dazu zwei Aufgaben.

a) 153 b) 176 c) 112 d) 193 e) 105

a) 153 + 7 = 160
153 − 3 = 150

4 Zeige die Zahlen am Zahlenstrahl, dann setze ein: < oder >

a)	b)	c)	d)	e)
74 ◯ 64	43 ◯ 34	136 ◯ 36	122 ◯ 119	118 ◯ 181
36 ◯ 63	65 ◯ 56	74 ◯ 174	165 ◯ 156	140 ◯ 104
17 ◯ 70	60 ◯ 16	102 ◯ 20	134 ◯ 143	137 ◯ 173

5 Wie geht es weiter? Zeige am Zahlenstrahl und schreibe die nächsten fünf Zahlen in dein Heft.

a) Regel: Immer + 6: 100, 106, ...
b) Regel: Immer – 7: 187, 180, ...
c) Regel: Immer + 8: 132, 140, ...
d) Regel: Immer – 4: 143, 139, ...
e) Regel: Immer + 3: 95, 98, ...
f) Regel: Immer – 9: 160, 151, ...

6 Erst bis 100 und dann weiter.

a)	b)	c)
96 + 4	95 + 5	99 + 1
96 + 6	95 + 6	99 + 6
96 + 8	95 + 7	99 + 9
96 + 9	95 + 8	99 + 4

7 In großen Schritten über 100.

a)	b)
80 + 10	70 + 30
80 + 20	70 + 40
80 + 30	70 + 50
80 + 40	70 + 60

8 Und wie geht es über die 200?

198 + 6 197 + 8 194 + 9 204 – 5 202 – 6 205 – 8

9 Zahlenrätsel. Wie heißt die Zahl?

a) Sie ist um 11 größer als 90.
b) Sie ist um 20 kleiner als 179.
c) Sie ist das Doppelte von 80.
d) Sie ist die Hälfte von 190.

95 101
123 159
160

e) Erfinde ein Zahlenrätsel zur übrig gebliebenen Lösungszahl.

Aufbau des Tausenders

1 a)

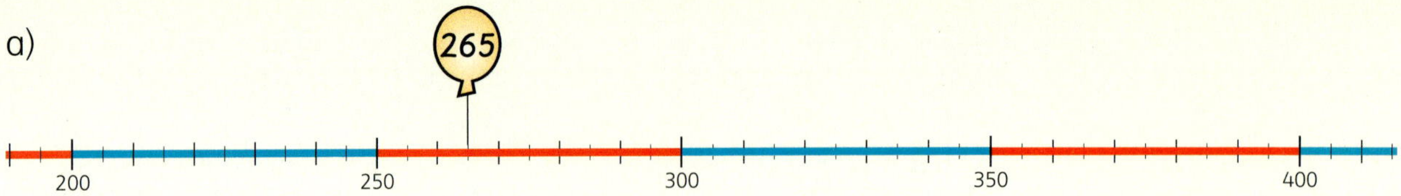

b)

c)

d)

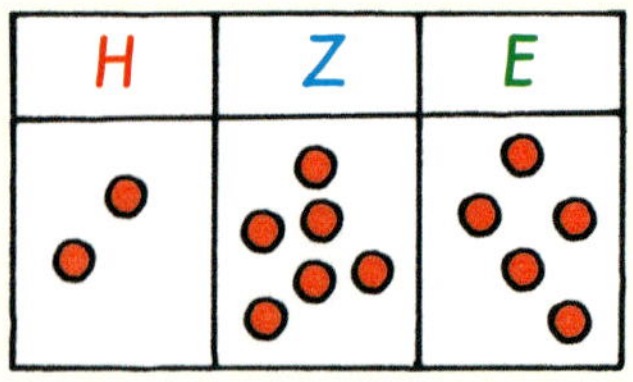

e)

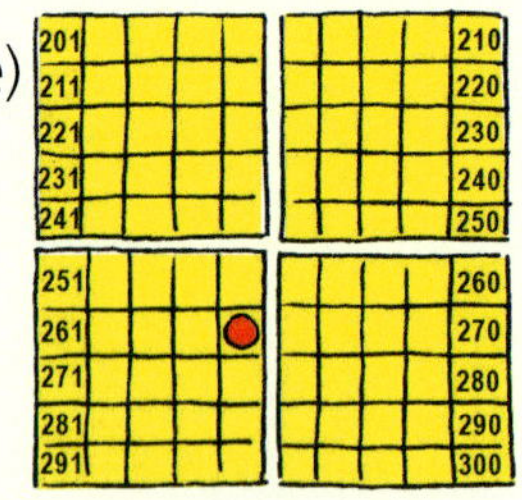

f)

H	Z	E
2	6	5

g)

h) 2 H + 6 Z + 5 E
200 + 60 + 5

i)

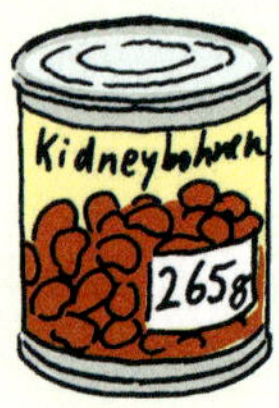

j)

165 + 100
255 + 10
264 + 1
2 · 100 + 65

k)

l)

m)

2

3

4 Kann das stimmen?

a) In unserer Schule gibt es 1000 Treppenstufen.

b) 1000 Kinder sind an unserer Schule.

c) In unserer Straße gibt es 1000 Häuser.

d) Unser Rechenheft hat 1000 Kästchen.

e) Wir sind heute morgen 1000 Minuten in der Schule.

f) Ich kann ohne Pause 1000 mal hüpfen.

g) Ich kann ohne Pause 1000 Treppenstufen steigen.

Hunderter, Zehner, Einer

1 Welche Zahlen sind es?

a) 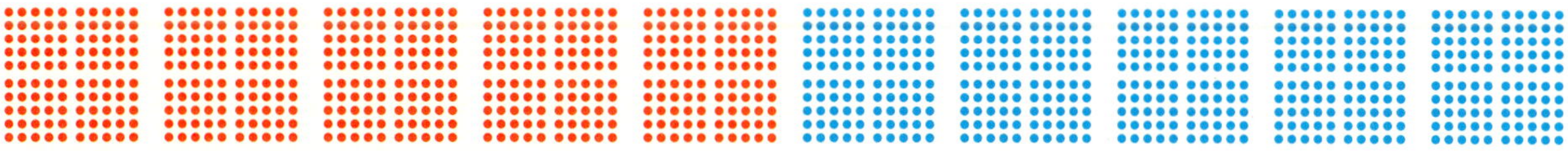

b) 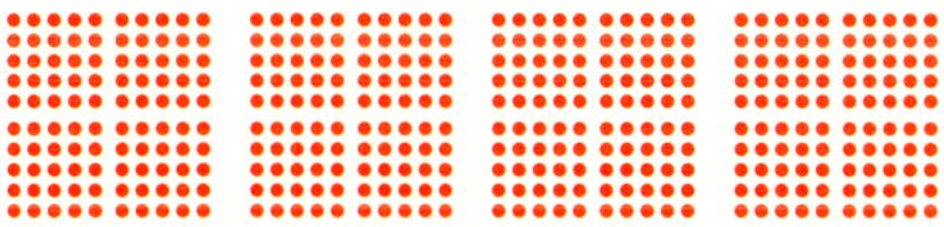

c) 

d) 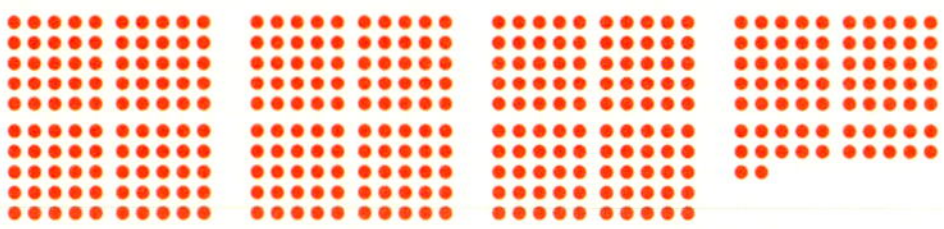

e) 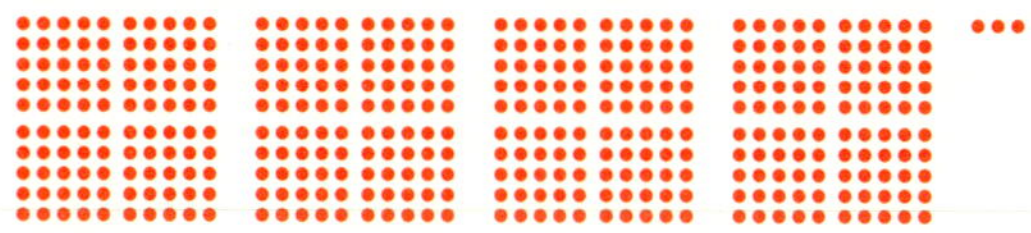

2

Zeige wie Zahline. Dein Partner kontrolliert.

a) 5 H + 6 Z + 4 E
7 H + 3 Z + 9 E

b) 4 H + 2 Z
7 H + 2 E

c) 300 + 50 + 6
600 + 40 + 2

d) 500 + 30
200 + 7

e) 273
327

3 Zahlix hat eine Geheimschrift. Damit schreibt er große Zahlen. Welche Zahlen sind es?

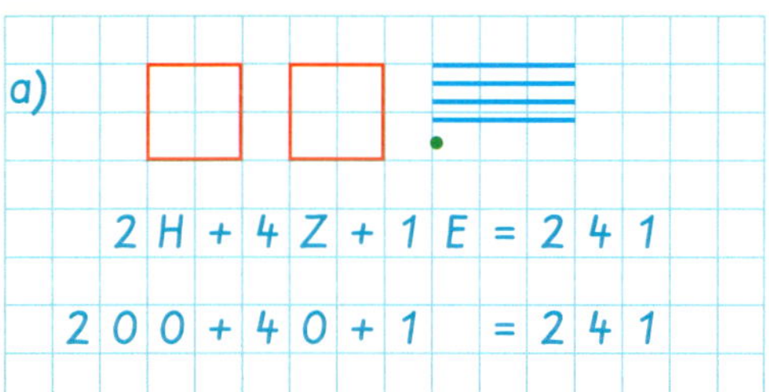

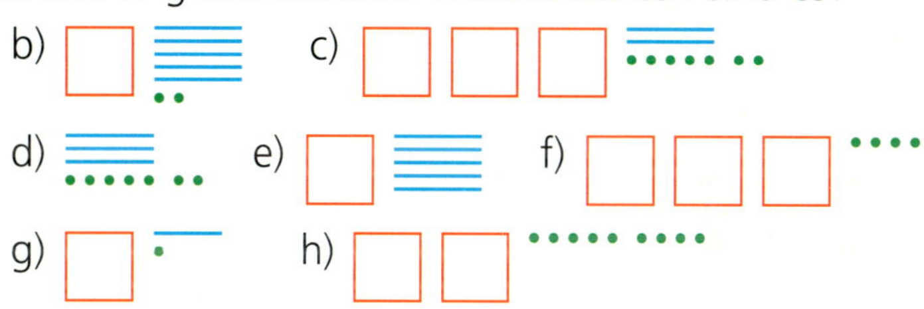

4 Schreibe in Geheimschrift.

a) 5 H + 4 Z + 7 E
4 H + 2 Z + 5 E

b) 6 H + 1 Z
1 H + 6 Z

c) 5 H + 2 E
2 H + 5 E

d) 321
231

e) 307
370

5 Welche Zahlen sind es?

a) 7 H + 4 Z = 740
8 H + 2 E =

b) 2 H + 4 Z + 6 E
7 H + 3 Z + 9 E
5 H + 1 Z + 5 E

c) 4 H + 2 E
4 Z + 2 E
4 H + 2 Z

d) 4 H + 5 Z
6 H + 3 E
8 Z + 4 E

e) 9 H + 3 E
3 Z + 9 E
9 H + 3 Z

6 Zerlege in Hunderter, Zehner und Einer.

a) 238 = 2 H + 3 Z + 8 E
675 = 6 H +

b) 395
359
830

c) 775
460
406

d) 508
613
95

7

a) 12 Z = 1 H + 2 Z = 120
23 Z = 2 H +

b) 15 Z
27 Z
34 Z

c) 50 Z
71 Z
71 E

d) 69 Z
26 Z
26 E

1

a) Alles 246.

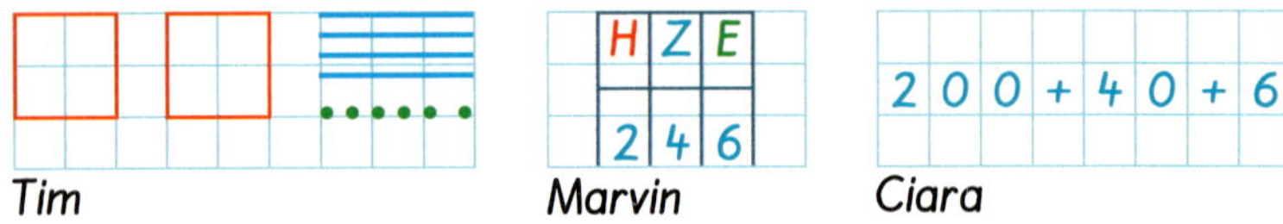

b) Die Kinder tauschen die Ziffernkarten untereinander.
Welche Zahlen können noch entstehen?
Schreibe wie in Aufgabe 1 a.

2

Nehmt drei Ziffernkarten.
Einer legt eine Zahl und schreibt sie in Geheimschrift.
Der Partner schreibt die Zahl in die Stellentafel und zerlegt sie.

3

Nehmt drei verschiedene Ziffernkarten.

a) Wie viele verschiedene Zahlen könnt ihr damit legen? Schreibt sie auf und zerlegt sie.

b) Wie heißt die größte Zahl? Unterstreicht sie rot.

c) Wie heißt die kleinste Zahl? Unterstreicht sie blau.

4

Nehmt die Ziffernkarten.

a) Legt eine dreistellige Zahl und schreibt sie auf.

b) Wie viele dreistellige Zahlen könnt ihr damit legen?
Ordnet sie der Größe nach und schreibt sie auf.

c) Worauf müsst ihr achten?
„Bei einer dreistelligen Zahl darf die Null nicht ______."

5

Ordne die Zahlen nach der Größe, die kleinste zuerst. Trage sie in die Stellentafel ein.

a) 465 564 645 546 654 456

b) 892 289 298 928 829 982

c) 87 780 8 178 78 800

d) 305 53 350 3 503 35

6

Zahlenrätsel. Wie heißen die Zahlen?

a) *Meine Zahl hat 4 Zehner, 5 Einer und 3 Hunderter.*

b) *Meine Zahl hat 4 Zehner und 1 Einer. Die Hunderterziffer ist doppelt so groß wie die Zehnerziffer.*

c) *Meine Zahl hat 6 Einer und halb so viele Zehner und Hunderter.*

d) *Die Zehnerziffer meiner Zahl ist 4. Die Einerziffer ist halb so groß. Die Hunderterziffer ist dreimal so groß wie die Einerziffer.*

WN

7

a)	b)	c)	d)	e)
2 · 8	5 · 6	5 · 7	10 · 9	5 · 9
3 · 8	6 · 6	4 · 7	9 · 9	6 · 9
4 · 8	7 · 6	3 · 7	8 · 9	7 · 9

8

a)	b)	c)	d)	e)
12 : 6	40 : 8	45 : 9	70 : 7	80 : 8
18 : 6	48 : 8	36 : 9	63 : 7	72 : 8
24 : 6	56 : 8	27 : 9	56 : 7	64 : 8

Anamayas Zahlenschnüre

Anamaya war ein Indio-Mädchen. Sie lebte mit ihren Eltern in Peru. Sie hatte zwei Brüder, Huascar und Ruminahui, und zwei Schwestern, Tamia und Joana. Der Stolz der Familie war die große Ziegenherde, die in den Tälern der Anden graste. Zweimal im Jahr wurden die Ziegen gezählt. Die Kinder halfen immer dabei. Um die Zahlen zu behalten, wurden sie aber nicht aufgeschrieben sondern geknotet. Das hatten schon die Großeltern und deren Großeltern so gemacht.

1 a) In welchem Land lebte Anamaya? b) Wie viele Geschwister hatte Anamaya? c) Wobei halfen die Kinder den Eltern?

2 Anamaya hat drei Schnüre genommen und die Zahl 324 geknotet. Die Knoten sind verschieden dick. Wie hat Anamaya die Knoten gemacht?

3 Anamayas Geschwister haben auch Zahlen geknotet. Kannst du sie lesen?

a)  b)  c)  d) 

4 Knote selbst Zahlen und lass deine Eltern raten, welche Zahlen es sind.

5 Am Abend am Lagerfeuer hat Anamaya Zahlenrätsel gestellt. Findest du die Zahl? Eine Knotenschnur kann dir helfen.

6 Findest du selbst Zahlenrätsel zu Knotenschnüren?

Quersumme

1 Zahline hat in der Stellentafel mit Plättchen Zahlen gelegt. Wie heißen die Zahlen?

a)

H	Z	E
●●●●	●●●	●●●●●●

b)

H	Z	E
●●●	●●●●●●	●●

c)

H	Z	E
●●●●●●	●	

2 Wie heißt Zahlines Zahl?

H	Z	E
●●●●●	●●●	●●

Wie heißt die Zahl, wenn Zahline …

a) bei den Hundertern ein Plättchen dazulegt,
b) bei den Zehnern ein Plättchen dazulegt,
c) bei den Einern ein Plättchen wegnimmt,
d) bei den Hundertern ein Plättchen wegnimmt?

3 Welche Zahlen kannst du mit drei Plättchen in der Stellentafel legen? Findest du alle zehn Möglichkeiten?

4

Wie heißt die Quersumme?

a) 317 549 276 492 872

b) 697 984 599 888 999

c) 509 606 370 740 900

5 Schreibe fünf dreistellige Zahlen auf
a) mit der Quersumme 12, b) mit der Quersumme 16, c) mit der Quersumme 25.

6

a) Nimm drei Zahlen aus dem Sack. Welche Quersumme haben sie?

b) Wie heißt die Zahl mit der größten Quersumme?

c) Wie heißt die kleinste Zahl mit der Quersumme 12?

d) Schreibe alle Zahlen mit der Quersumme 10 auf.

e) Wie heißt die größte Zahl mit der Quersumme 12?

f) Wie heißt die Zahl? Sie hat die Quersumme 24. Die Einerziffer ist größer als die Zehnerziffer.

g) Wie heißt die Zahl? Eine Ziffer kommt doppelt vor. Die Quersumme ist 11.

7

a)	b)	c)	d)	e)
92 + 8	96 + 9	80 + 30	70 + 78	68 + 80
99 + 1	98 + 6	70 + 60	90 + 43	84 + 60
93 + 7	99 + 4	90 + 40	80 + 23	97 + 30

8

a)	b)	c)	d)	e)
102 – 6	104 – 9	110 – 40	136 – 60	117 – 40
202 – 6	204 – 9	150 – 60	128 – 70	124 – 50

1 Zahlix hat zu drei Aufgaben die Geheimschrift geschrieben.
Schreibe die passende Aufgabe in dein Heft.

326 + 300
326 + 30
326 + 3

a) 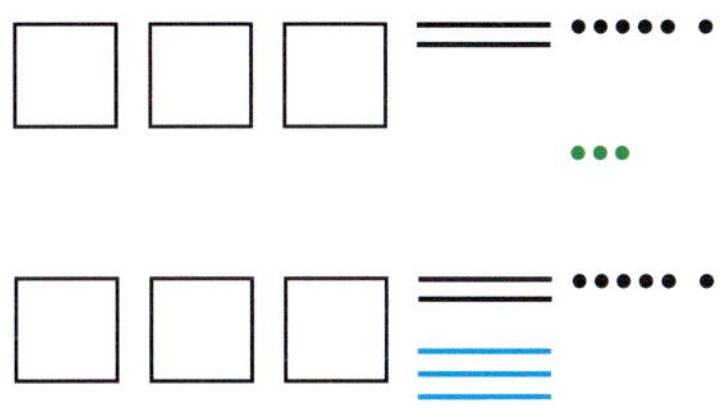

b)

c) 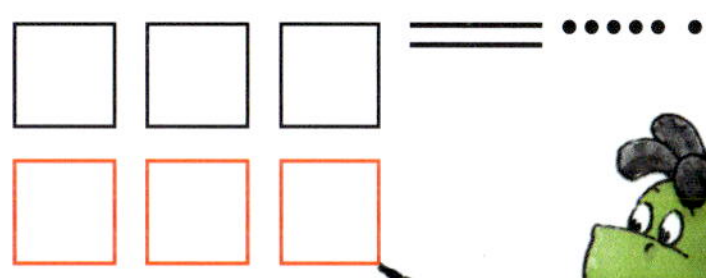

2 Schreibe zu jeder Geheimschrift die passende Aufgabe.

a) b) c) 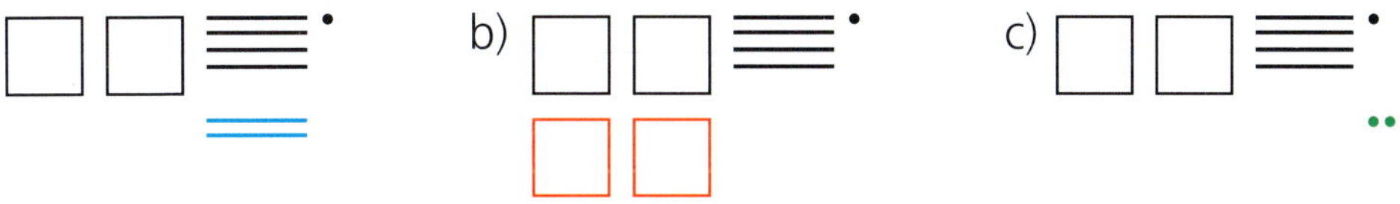

3

a)	b)	c)	d)	e)
250 + 300	405 + 200	304 + 300	524 + 400	113 + 500
250 + 30	405 + 20	304 + 30	524 + 40	113 + 50
250 + 3	405 + 2	304 + 3	524 + 4	113 + 5

118 163 253 280 307 334 354 407 425 528 550 564 604 605 613 924

4 a) 423 | 243 | 342 (+) 400 | 40 | 4   b) 236 | 524 | 605 (+) 200 | 20 | 2

c) Vergleiche die Quersumme der Ergebnisse. Was fällt auf?

5 Zahline hat zu drei Aufgaben die Geheimschrift geschrieben.
Schreibe die passende Aufgabe in dein Heft.

657 – 400
657 – 40
657 – 4

a) c) 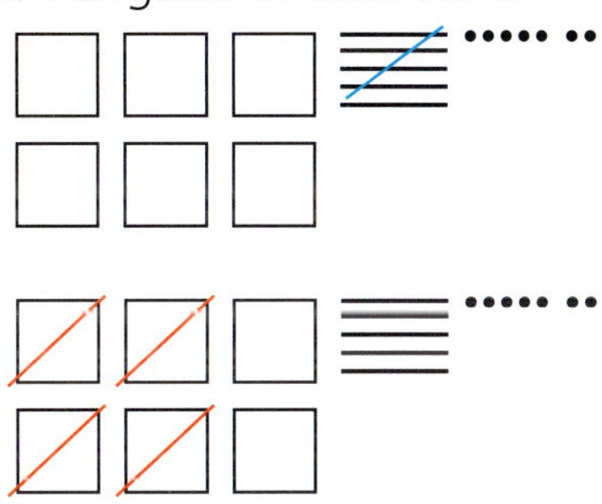

b) 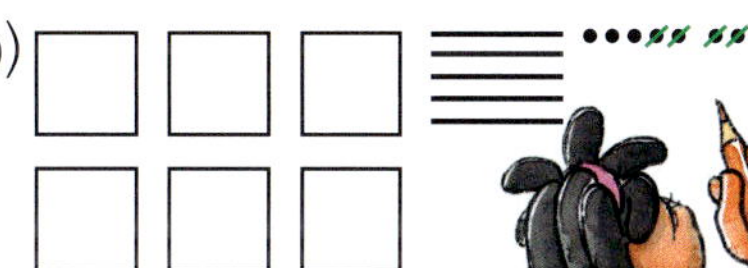

6 Schreibe zu jeder Geheimschrift die passende Aufgabe.

a) b) c) 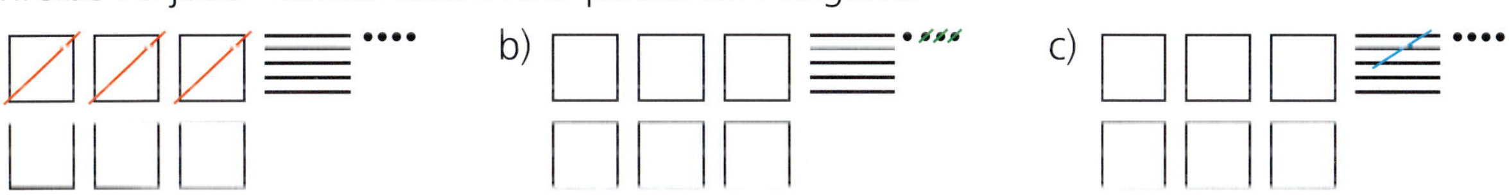

7

a)	b)	c)	d)	e)
536 – 300	875 – 300	496 – 200	898 – 500	384 – 100
536 – 30	875 – 30	496 – 20	898 – 50	384 – 10
536 – 3	875 – 3	496 – 2	898 – 5	384 – 1

236 284 296 374 383 398 476 494 498 506 533 575 845 848 872 893

8 a) 867 | 768 | 687 (–) 500 | 50 | 5   b) 793 | 838 | 964 (–) 300 | 30 | 3

c) Vergleiche die Quersumme der Ergebnisse. Was fällt auf?

Hundertertafeln

1

1				E					M
11									20
21									30
31									40
41	E						S		50
51									60
61			R						70
71									80
81									90
91									100

101									110
111									120
121									130
131									140
141									T
151		N							160
161									170
171				G					180
181								H	190
191				E					200

501									510
511									520
521	G								530
531									540
541									550
551									560
561									570
571									580
581									590
591			I						600

S T

48 150 64 195 153 522 175 42 189 5 594 10

2 a) Nenne deinem Nachbarn eine Zahl zwischen 1 und 200. Er legt ein Plättchen auf den richtigen Platz. Dann wechselt.

b) Nun umgekehrt: Lege ein Plättchen auf ein Feld. Dein Nachbar sagt die richtige Zahl.

3 Lege ein Plättchen auf eine Zahl zwischen 1 und 100. Dein Nachbar legt ein Plättchen an die gleiche Stelle in den beiden anderen Hundertertafeln. Wie heißen eure Zahlen?

4 Welche Zahlen stehen unter a) 75 b) 175 c) 575 d) 675 e) 375 f) 975?

5 Welche Zahlen stehen über a) 53 b) 153 c) 553 d) 853 e) 253 f) 953?

6 Welche Zahlen fehlen? Schreibe sie in dein Heft.

a)

	126	

a)	115	116	117
	125	126	
	135		

b)

	26	

c)

	526	

d)

73		

e)

173		

f)

573		

7 a)

	555	

b)

	444	

c)

218		

d)

831		

e)

		333

8 Lege mit Plättchen in den Hundertertafeln und schreibe die nächsten drei Zahlen in dein Heft.

Immer + 10 a) Start bei 46 b) Start bei 146 c) Start bei 546

8 a) 46, 56,
b) 146, 156,

9 Immer – 10 a) Start bei 82 b) Start bei 382 c) Start bei 682

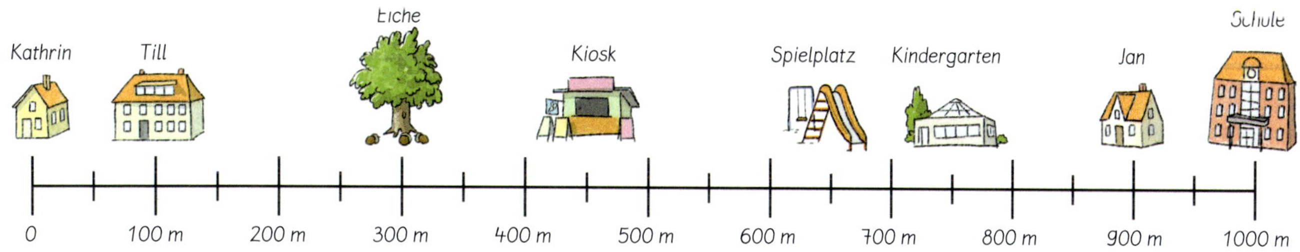

1 Kathrin geht jeden Morgen einen Kilometer (1 km) bis zur Schule.
Was sieht sie alles unterwegs?

2 Wie weit ist es von Kathrins Haus bis dahin?
a) Eiche _______ m b) Kiosk _______ m c) Tills Haus _______ m
d) Spielplatz _______ m e) Kindergarten _______ m f) Jans Haus _______ m

3 Wie weit ist es von Tills Haus bis dahin?
a) Eiche _______ m b) Kiosk _______ m c) Kathrins Haus _______ m
d) Spielplatz _______ m e) Kindergarten _______ m f) Jans Haus _______ m

4 Wie weit ist es von Jans Haus bis dahin?
a) Eiche _______ m b) Kathrins Haus _______ m c) Kindergarten _______ m
d) Tills Haus _______ m e) Spielplatz _______ m f) Kiosk _______ m

5 Kathrin geht jeden Tag zur Schule und zurück zwei Kilometer.
a) Wie viel Meter geht Jan hin und zurück zur Schule?
b) Wie viel Meter geht Till hin und zurück zur Schule?

6 Vor den Ferien besuchen die Kindergarten-Kinder die Schule.
Wie weit ist es hin und zurück?

7 Die Lehrerin geht mit den Kindern von der Schule zum Spielplatz.
Wie weit ist es hin und zurück?

8 Am Nachmittag trifft Jan sich mit Kathrin und Till auf dem Spielplatz.
a) Wie weit geht Jan hin und zurück? b) Wie weit geht Kathrin? c) Wie weit geht Till?

9 Kathrin benötigt für ihren Schulweg 20 Minuten.
Wie weit geht sie in 10 Minuten? Wie weit in 5 Minuten?

1 km = 1000 m
$\frac{1}{2}$ km = 500 m

10 Wie lange brauchst du für einen Kilometer? Probiere es aus.

11 Kathrin und Jan haben sich verabredet. Beide müssen gleich weit gehen.
Wo treffen sie sich?

12 Richtig oder falsch?
a) „750 liegt in der Mitte zwischen 550 und 950."
b) „500 liegt in der Mitte zwischen 250 und 750."

Zahlenstrahl bis 1000

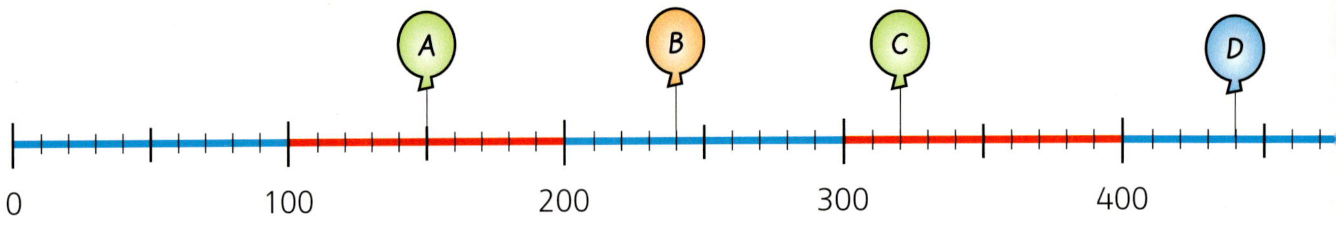

1 Zähle und zeige am Zahlenstrahl.

a) 120, 140, 160, ..., 300
520, 540, 560, ..., 700
660, 690, 720, ..., 900

b) 300, 250, 200, ..., 0
850, 800, 750, ..., 500
720, 700, 680, ..., 400

c) 240, 280, 320, ..., 600
710, 760, 810, ..., 1010
220, 250, 280, ..., 520

2 Bei welchen Zahlen stehen die Ballons?
Wie heißen die beiden Nachbarhunderter?
Ergänze wie im Beispiel.

A: 150	150 + 50 = 200
	150 − 50 = 100

3 Zeige am Zahlenstrahl und rechne vor zum nächsten Hunderter.

a) 330 + ___ = 400
310 + ___ = 400
395 + ___ = 400

b) 180 + ___ = 200
780 + ___ = 800
380 + ___ = 400

c) 595 + ___ = 600
535 + ___ = 600
585 + ___ = 600

d) 775 + ___ = 800
225 + ___ = 300
545 + ___ = 600

4 Zeige am Zahlenstrahl und rechne zurück zum nächsten Hunderter.

a) 760 − ___ = 700
720 − ___ = 700
785 − ___ = 700

b) 370 − ___ = 300
670 − ___ = 600
275 − ___ = 200

c) 425 − ___ = 400
475 − ___ = 400
455 − ___ = 400

d) 345 − ___ = 300
775 − ___ = 700
625 − ___ = 600

5 Zeige am Zahlenstrahl. Wie heißen die beiden Nachbarhunderter?
Unterstreiche rot den Nachbarhunderter, der am nächsten an der Zahl liegt.

a) 340
670

b) 835
515

c) 666
787

d) 403
999

e) 291
111

<u>300</u>	340	400
600	670	

6 Nach rechts werden die Zahlen am Zahlenstrahl immer größer, nach links werden die Zahlen immer kleiner. Zeige die Zahlen, dann setze ein < oder >.

a) 167 ◯ 162
178 ◯ 187
182 ◯ 179

b) 392 ◯ 364
302 ◯ 298
370 ◯ 317

c) 434 ◯ 443
522 ◯ 519
765 ◯ 675

d) 873 ◯ 773
940 ◯ 904
617 ◯ 681

7 Lars hat nicht immer das richtige Zeichen eingesetzt. Schreibe richtig.

a) 276 < 267	b) 746 > 467	c) 475 < 457	d) 609 > 690
583 > 538	383 > 833	946 < 964	859 > 895

8 a)

a) 155 < 222	
167 <	

b)

c)

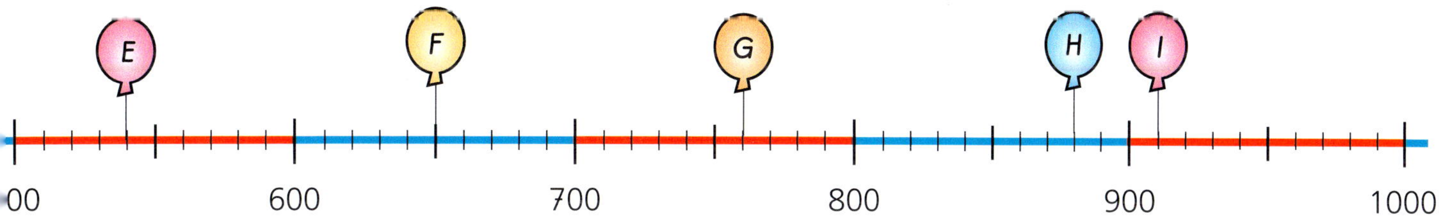

1 Vorwärts und rückwärts in Einerschritten.
Von der Startzahl aus immer drei Schritte.

a) 543 b) 607 c) 495 d) 502 e) 998

a) 543, 544, 545, 546
543, 542,

2 Vorwärts und rückwärts in Zweierschritten. a) 582 b) 498 c) 612 d) 521 e) 997

3 Vorwärts und rückwärts in Zehnerschritten. a) 550 b) 535 c) 605 d) 573 e) 981

4 Bei welchen Zahlen stehen die Ballons?
Wie heißen die beiden Nachbarzehner?
Ergänze wie im Beispiel.

A: 586 586 + 4 = 590
586 − 6 = 580

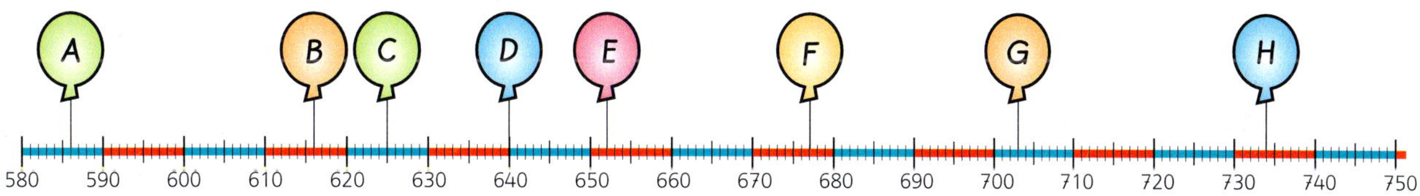

5 Zeige am Zahlenstrahl. Wie heißen die Nachbarzehner?
Unterstreiche blau den Nachbarzehner,
der am nächsten an der Zahl liegt.

a) 288 b) 333 c) 371 d) 407 e) 999 f) 312 g) 345 h) 395 i) 429

280 288 <u>290</u>
310 312

6 a) Schreibe eine Zahl zwischen 100 und 1000 auf.
Deine Nachbarin schreibt die Nachbarzehner und die Nachbarhunderter.
b) Unterstreicht blau den Nachbarzehner, der am nächsten an der Zahl liegt.
c) Unterstreicht rot den Nachbarhunderter, der am nächsten an der Zahl liegt.

<u>400</u> 430 437 <u>440</u> 500

7 Schreibe den Vorgänger (V) und Nachfolger (N) auf.

a)

V	Zahl	N
	184	
	237	
	499	

V	Zahl	N
183	184	185
	237	

b)

V	Zahl	N
	463	
	888	
	701	

c)

V	Zahl	N
706		
		499
199		

8 Stopp am Hunderter.

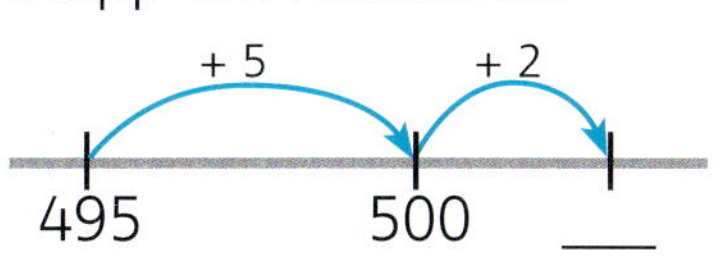

a) 495 + 7
495 + 8
495 + 6

b) 498 + 5
494 + 9
497 + 6

c) 596 + 6
599 + 8
597 + 7

d) 798 + 7
897 + 8
999 + 9

9

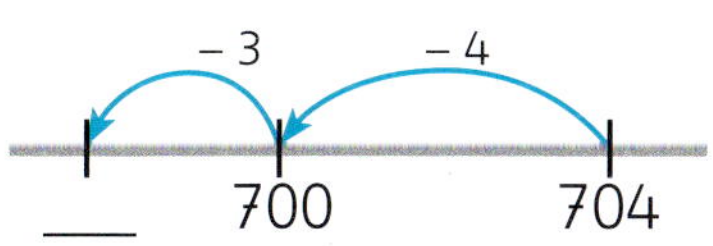

a) 704 − 7
704 − 8
704 − 6

b) 703 − 6
701 − 8
702 − 4

c) 605 − 9
602 − 6
601 − 5

d) 403 − 7
703 − 8
304 − 9

Quader und Würfel

1 Baue einen Quader.
Schreibe auf:
Ich habe gebraucht:

_____ lange Kanten

_____ mittlere Kanten

_____ kurze Kanten

_____ Ecken

2 Aus welchen Kanten wurde der Quader gebaut? Schreibe auf wie in Aufgabe 1.

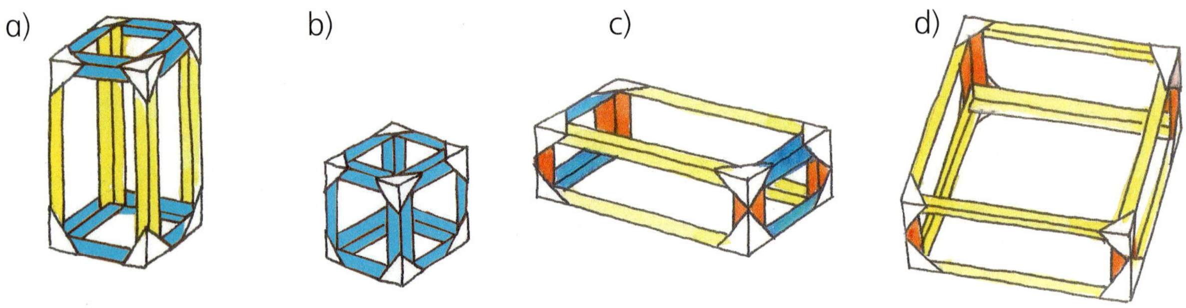

3 Die Würfel sind noch nicht fertig. Wie viele Kanten fehlen noch? Wie viele Ecken?

4 Die Quader sind noch nicht fertig. Wie viele lange, mittlere und kurze Kanten fehlen noch? Wie viele Ecken fehlen noch?

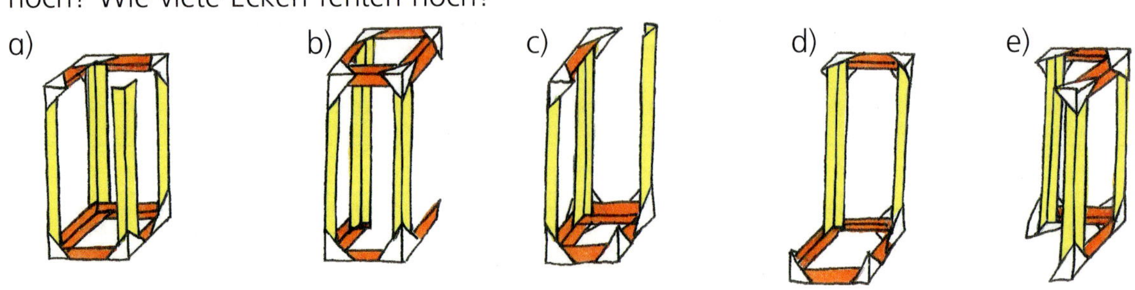

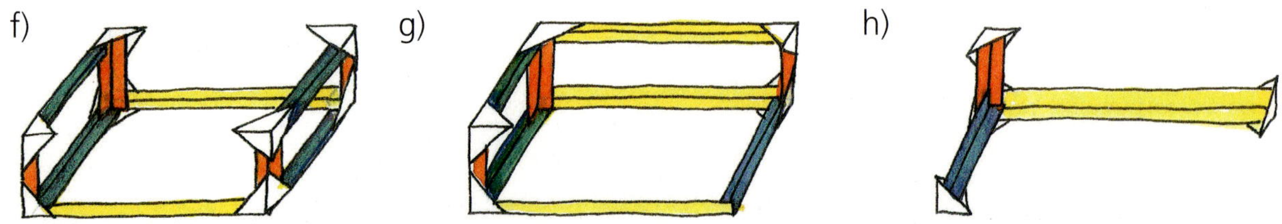

1 Sina beklebt die Seitenflächen.
Welche Seitenflächen braucht sie?
Wie viele davon?

___ grüne Seitenflächen
___ lila Seitenflächen
___
zusammen ___ Seitenflächen

2 Die Quader sollen mit Seitenflächen beklebt werden.
Schreibe auf wie in Aufgabe 1.

a)

b)
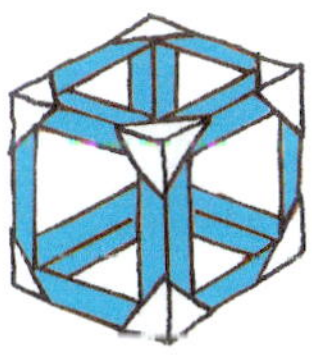
c)
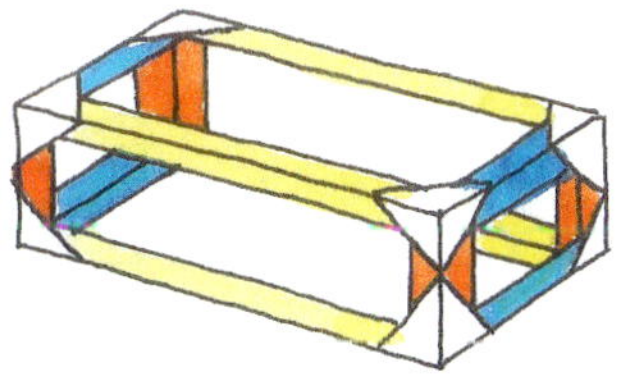
d)
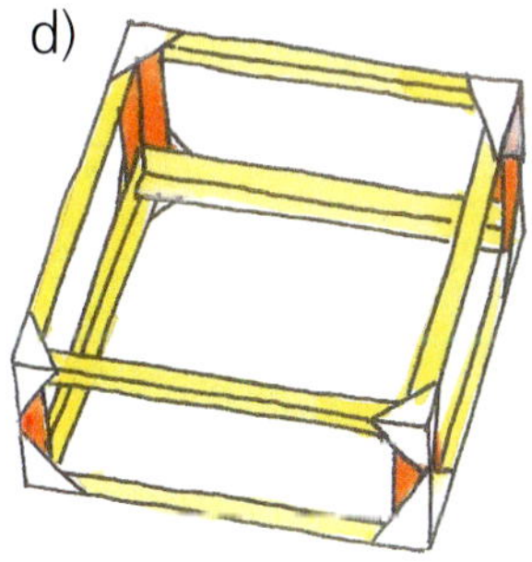

3 Aus welchen Kanten wurden die Quader gebaut?

a)

b)
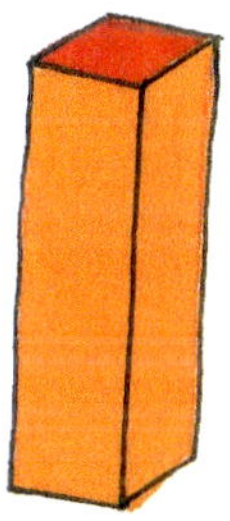
c)

d)

e)
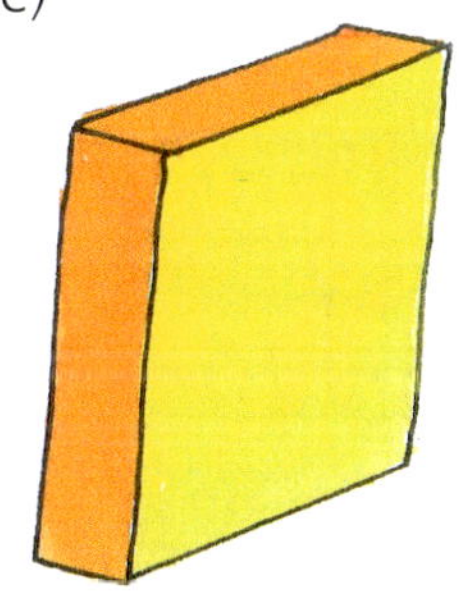

4 Kaja hat nur blaue und lila Seitenflächen gebraucht.
Wie viele von jeder Sorte?

5 Max möchte an seinem Quader möglichst viele grüne Seitenflächen haben.
Wie viele braucht er? Welche Seitenflächen braucht er noch?

6 Timo möchte auf einen Quader gelbe und blaue Seitenflächen kleben.
Lilo meint: „Das geht nicht.“ Was meinst du?

7 Ergänze die Sätze.

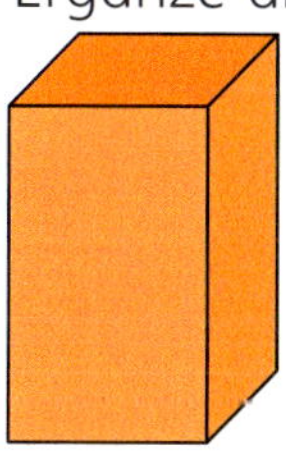

Das ist ein Quader.
Er hat ___ Ecken.
Er hat ___ Kanten.
Er hat ___ Seitenflächen

Das ist ein besonderer Quader.
Er hat ___ Ecken.
Er hat ___ Kanten.
Er hat ___ Seitenflächen,
ihre Form ist _______________.

Würfelnetze

1 Umfahre die Grundfläche eines Würfels. Kippe den Würfel. Trage die Augenzahl der Grundfläche in das Quadrat ein. Dann umfahre die Fläche, die jetzt unten liegt. Kippe... Fahre fort, bis du alle sechs Flächen gezeichnet hast. Das ist ein Würfelnetz.

2 In diesen Würfelnetzen sind schon einige Augenzahlen eingetragen.
Zeichne die Würfelnetze in dein Heft und trage die fehlenden Augenzahlen noch ein.

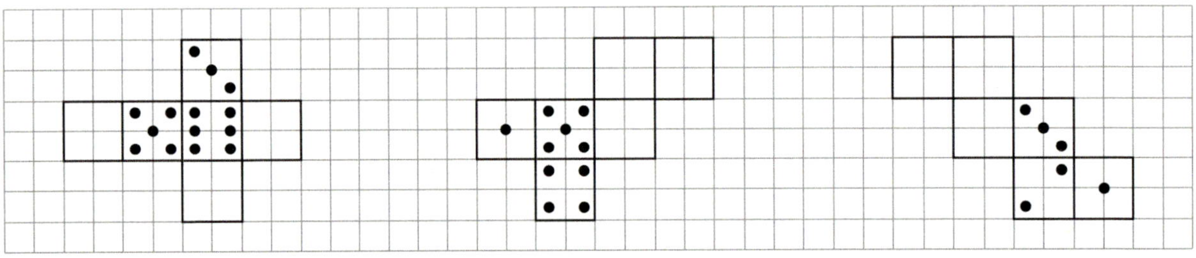

3 a) Zeichne diese Netze in dein Heft.

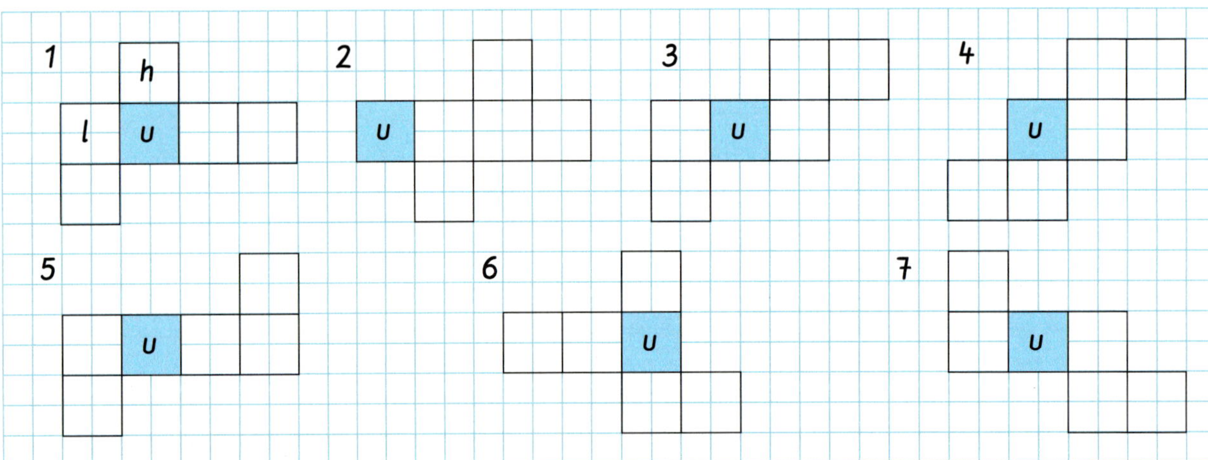

b) Falte in Gedanken die Netze zu einem Würfel. Die blaue Fläche liegt unten (u). Welche Flächen sind oben (o), vorne (v), hinten (h), links (l), rechts (r)? Trage ein.

c) Färbe Flächen, die gegenüber liegen, in derselben Farbe.

4 Das sind keine Würfelnetze. Falte in Gedanken. Welche Fläche ist doppelt? Welche Fläche fehlt? Zeichne die Netze richtig in dein Heft.

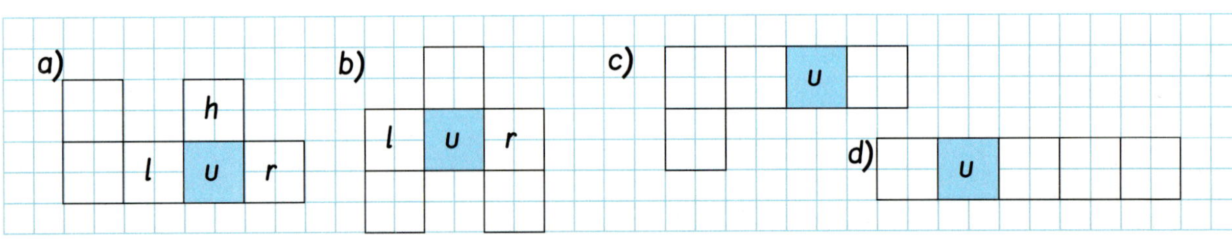

1 Hier sind die Ecken des Würfels nummeriert. Zeichne die Würfelnetze in dein Heft. Falte sie in Gedanken zu einem Würfel. Dann trage die Nummern der Ecken ein. Manche Nummern kommen zweimal vor, manche sogar dreimal.

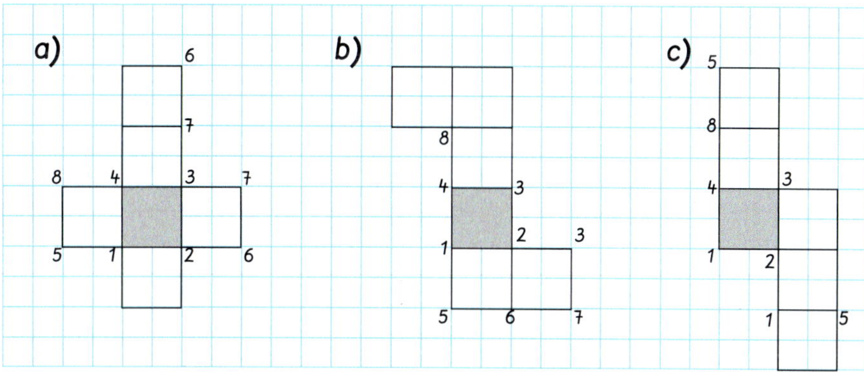

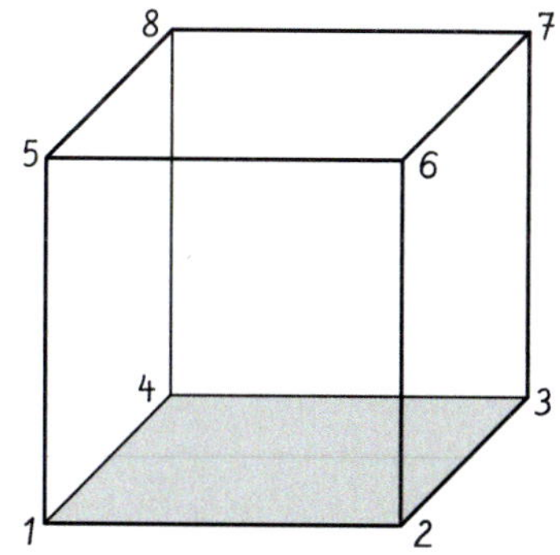

2 Zeichnet das Würfelnetz auf Karopapier. Dann tragt abwechselnd die Eckennummern von 1 bis 8 ein.
Entscheidet bei jeder Nummer, ob sie einmal, zweimal oder dreimal vorkommt.

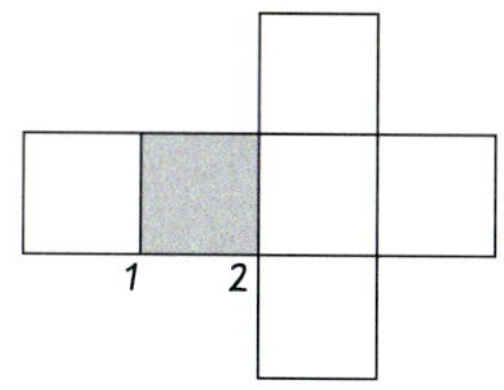

3 Zeichne die Würfelnetze in dein Heft. Falte in Gedanken die Netze zu einem Würfel. Eine Kante im Netz ist rot gefärbt. Mit welcher anderen Kante stößt diese zusammen? Färbe sie auch rot.

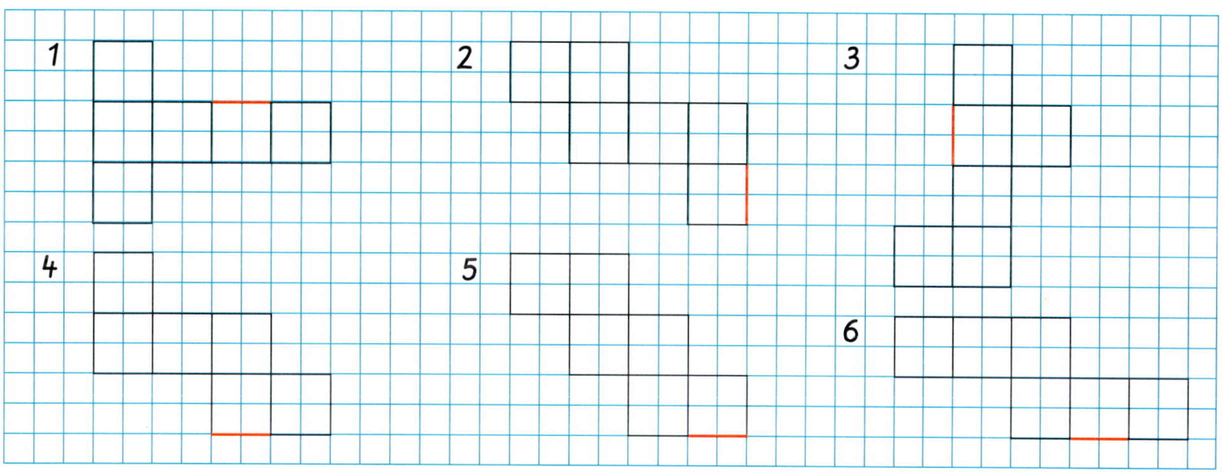

4 Mirkos Würfel hat drei farbige Kanten. In den Würfelnetzen sind schon zwei Farben eingetragen. Zeichne die Netze in dein Heft.
Mit welcher Kante stößt die blaue Kante zusammen? Färbe sie auch blau.
Mit welcher Kante stößt die rote Kante zusammen? Färbe sie auch rot.
Die grünen Kanten fehlen. Trage sie ein.

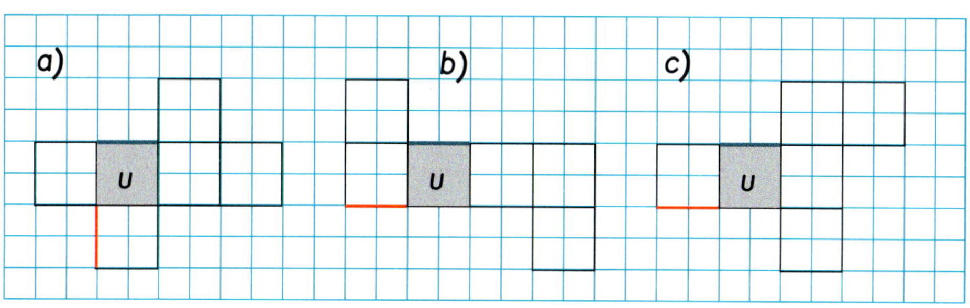

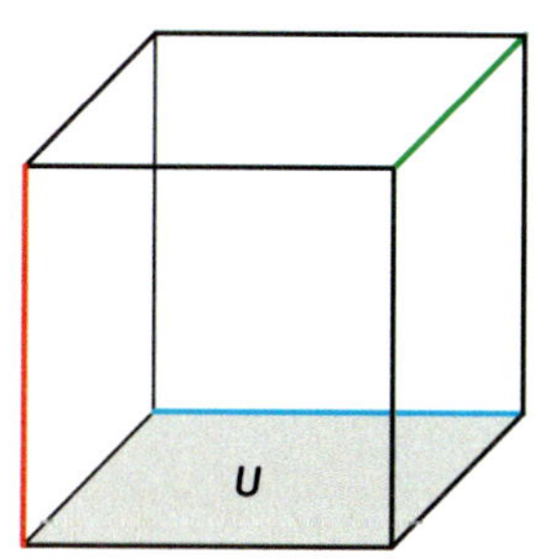

Flexibles Addieren und Subtrahieren

1

Ergebnis im selben Hunderter	Ergebnis im nächsten Hunderter
523 + 60	583 + 60
536 + 28	286 + 35

2

3 Wie rechnest du?

a)	b)	c)	d)	e)
645 + 18	929 + 64	440 + 33	176 + 23	438 + 40
706 + 85	133 + 50	839 + 52	200 + 96	916 + 67
354 + 37	512 + 66	715 + 65	347 + 18	610 + 76

183 199 296 365 391 473 478 578 678 663 686 780 791 891 983 993

1

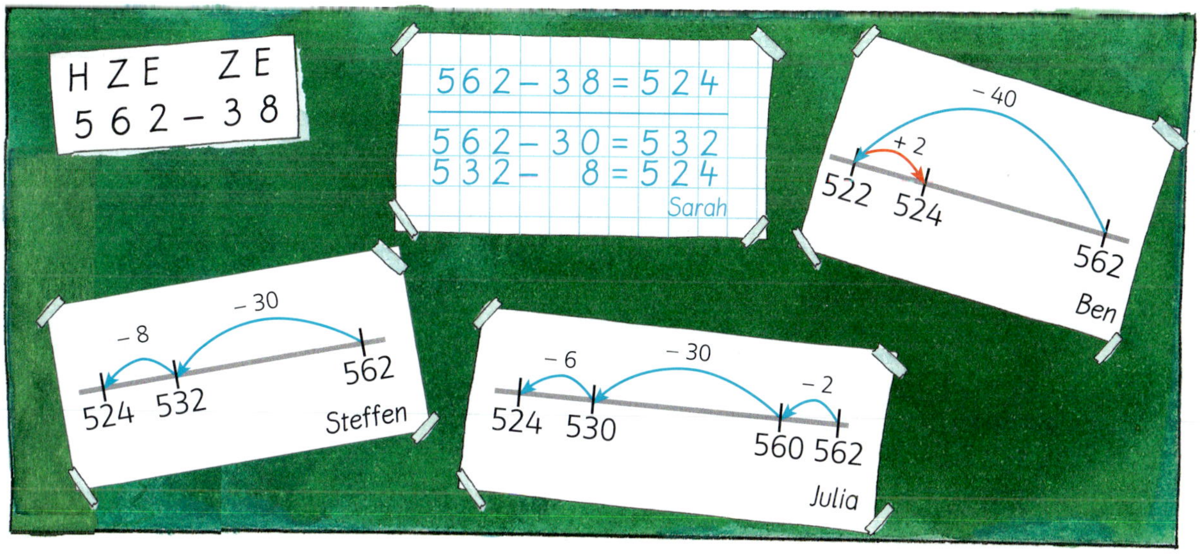

2 Wie rechnest du?

a) 376 – 58
771 – 59

b) 434 – 23
392 – 54

c) 353 – 38
463 – 20

d) 748 – 26
751 – 37

e) 874 – 47
884 – 58

315 318 338 411 443 463 712 714 722 826 827

3

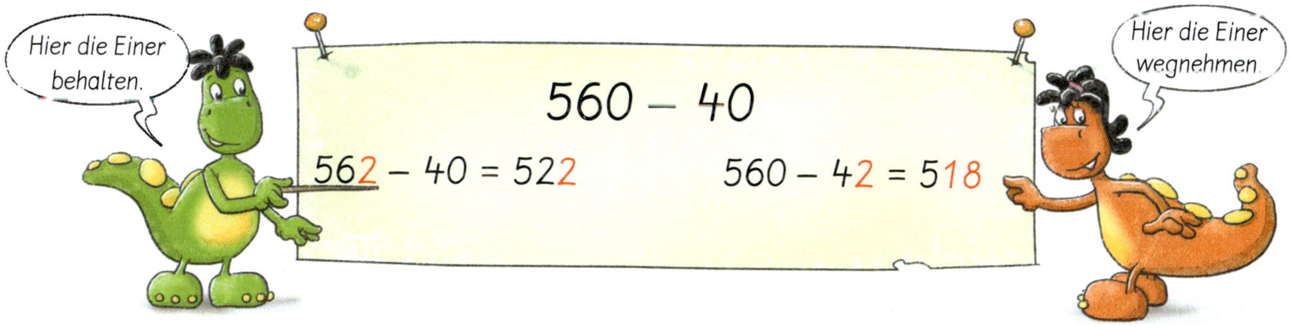

a) 560 – 40
562 – 40
560 – 42

b) 380 – 30
387 – 30
380 – 37

c) 990 – 60
995 – 60
990 – 65

d) 870 – 20
870 – 23
873 – 20

e) 640 – 30
640 – 34
644 – 30

4

a) – 16 →

32	
432	
932	

b) – 32 →

76	
276	
	544

c) – 24 →

48	
348	
	724

d) – 47 →

85	
585	
	838

e) – 58 →

90	
690	
	932

5

Alle Ergebnisse haben die Quersumme 12.

a) 374 – 29
592 – 49
535 – 28
549 – 69

b) 759 – 27
609 – 39
446 – 29
483 – 48

c) 684 – 69
938 – 35
467 – 59
879 – 39

6 a) Alle Ergebnisse haben die Quersumme 13,

239 | 311 | 437 (+) 8 | 26 | 53

b) Quersumme 15.

583 | 889 | 475 (–) 46 | 19 | 28

Addieren über den Hunderter

1

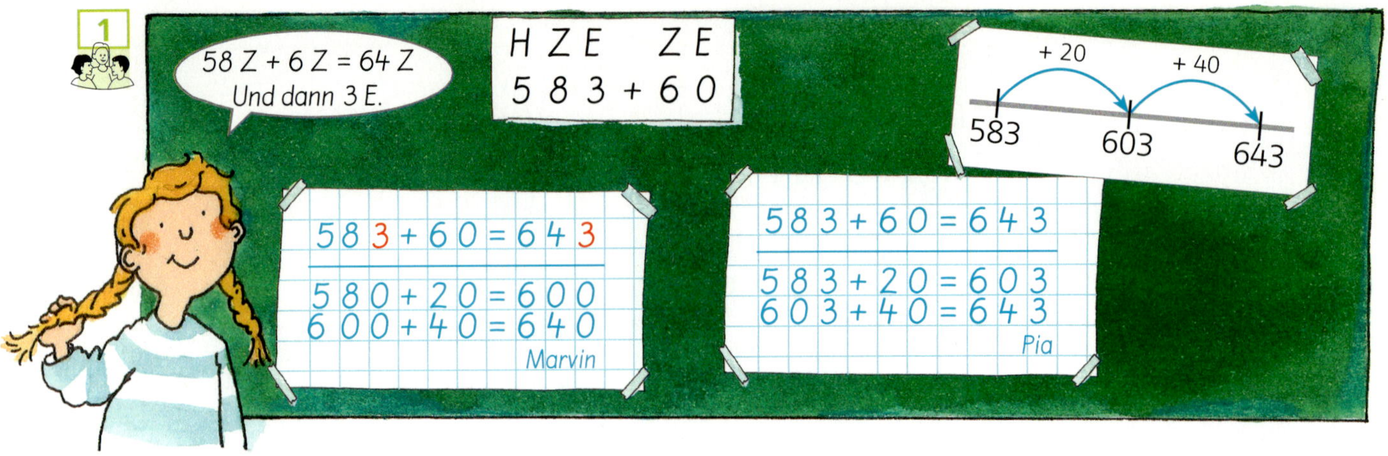

2

a) 260 + 80
290 + 60
270 + 90

b) 570 + 70
590 + 40
520 + 60

c) 380 + 50
330 + 60
350 + 70

d) 640 + 70
290 + 30
450 + 60

e) 660 + 70
380 + 80
450 + 50

320 340 350 360 390 420 430 460 490 500 510 580 630 640 710 730

3

a) 80 + 60
82 + 60
85 + 60
87 + 60

b) 190 + 40
193 + 40
198 + 40
195 + 40

c) 70 + 250
71 + 250
75 + 250
79 + 250

d) 460 + 80
460 + 82
460 + 87
460 + 85

e) 50 + 360
50 + 363
50 + 368
50 + 365

4 Rechne, denke dabei an die einfache Blumenaufgabe.

a) 273 + 60
277 + 60
275 + 60

b) 385 + 50
381 + 50
389 + 50

c) 40 + 493
40 + 496
40 + 492

d) 560 + 63
560 + 67
560 + 69

5

a) + 50 →

70	
270	
570	

b) + 40 →

66	
366	
766	

c) + 70 →

193	
493	
893	

d) + 80 →

58	
558	
858	

e) + 60 →

181	
381	
781	

6

a) 173 + 50
173 + 60
173 + 70

b) 856 + 80
866 + 70
876 + 60

c) 244 + 40
254 + 50
264 + 60

d) 907 + 80
897 + 70
887 + 60

e) 662 + 50
672 + 40
682 + 30

7

Alle Ergebnisse haben die Quersumme 16.

a) 349 + 27
539 + 35
649 + 42
169 + 27

b) 259 + 27
536 + 29
439 + 45
639 + 43

c) 24 + 469
34 + 639
65 + 419
23 + 659

6 Starke Aufgaben: Gesetzmäßigkeit erkennen. Aufgabenfolge fortsetzen.

1

2

3

a)	b)	c)	d)	e)
84 + 25	66 + 47	224 + 93	485 + 48	176 + 53
184 + 25	366 + 47	424 + 93	585 + 48	376 + 53

4 Fahrzeuge. Wie heißen sie auf Englisch?

a)	b)	c)	d)
786 + 42	183 + 57	753 + 75	750 + 85 + 90
72 + 72	56 + 56	96 + 96	383 + 60 + 25
187 + 47	678 + 58	264 + 86	64 + 64 + 64
		375 + 57	560 + 76 + 76

5

Alle Ergebnisse haben die Quersumme 14.

a)	b)
428 + 99	89 + 681
856 + 49	99 + 572
647 + 69	59 + 369

c)	d)
573 + 98	78 + 368
176 + 99	777 + 29
767 + 39	548 + 69

Subtrahieren über den Hunderter

1

2

a) 620 – 60
650 – 80
610 – 70

b) 460 – 80
410 – 40
420 – 60

c) 750 – 90
730 – 60
740 – 50

d) 550 – 70
340 – 60
620 – 40

e) 810 – 60
230 – 80
640 – 40

150 280 360 370 380 480 540 560 570 580 600 660 670 690 720 750

3

Welches Tier bleibt übrig?
Schreibe dazu selbst passende Aufgaben.

a) 240 – 80
230 – 40
310 – 70
850 – 50
240 – 60

b) 220 – 70
640 – 80
470 – 70
300 – 90
330 – 60

c) 560 – 80
600 – 6
310 – 40
220 – 80
860 – 5

d) 320 – 40
490 – 90
160 – 60
690 – 6
950 – 25

4

5

a) 560 – 80
564 – 80
560 – 84

b) 320 – 50
327 – 50
320 – 57

c) 630 – 90
631 – 90
630 – 91

d) 810 – 60
810 – 65
815 – 60

e) 750 – 50
750 – 58
758 – 50

6

a) – 77

370	
970	
870	

b) – 50

405	
805	
705	

c) – 48

120	
620	
320	

d) – 80

423	
	543
	843

e) – 22

310	
	788
510	

7

a) 425 – 80
425 – 70
425 – 60

b) 743 – 50
743 – 60
743 – 70

c) 358 – 50
348 – 60
338 – 70

d) 210 – 33
220 – 33
230 – 33

e) 500 – 89
510 – 79
520 – 69

7 Starke Aufgaben: Gesetzmäßigkeit erkennen. Aufgabenfolge fortsetzen.

1

2 Wie rechnest du?

a) 340 – 60
345 – 60
345 – 68

b) 930 – 80
933 – 80
933 – 87

c) 426 – 40
426 – 44
426 – 48

d) 744 – 72
744 – 76
742 – 79

e) 710 – 37
716 – 37
717 – 32

277 280 285 378 382 386 476 663 668 672 673 679 685 846 850 853

3

a) – 7

103	
203	
703	

b) – 24

118	
318	
618	

c) – 45

130	
730	
930	

d) – 68

486	
686	
	818

e) – 97

714	
514	
	217

4 Welche Tiere sind es? Wie heißen die Tiere auf Englisch?

a) 192 – 96
220 – 85
529 – 73

b) 313 – 73
657 – 97
777 – 81

c) 200 – 92
928 – 64
232 – 57

d) 250 – 93 – 57
436 – 38 – 62
510 – 61 – 89

5

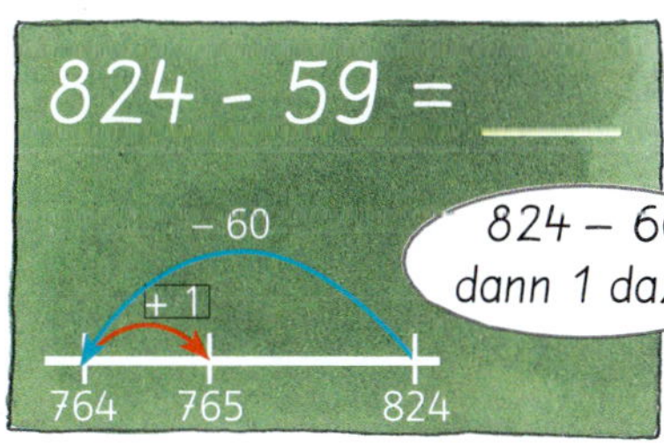

825 – 60

Alle Ergebnisse haben die Quersumme 18.

a) 824 – 59
518 – 59
627 – 69
613 – 19

b) 763 – 79
645 – 69
457 – 88
387 – 99

c) 942 – 69
375 – 78
458 – 89
198 – 99

6

a) 323 – 29
447 – 54
678 – 96

b) 417 – 68
364 – 79
813 – 58

c) 931 – 84
784 – 92
547 – 79

d) 333 – 68
642 – 59
764 – 65

e) 548 – 49
734 – 56
817 – 19

1 Die erste Lokomotive, die in Deutschland Fahrgäste befördert hat, hieß a) ______. Sie fuhr am 7. Dezember 1835 zum ersten Mal von Nürnberg nach b)______.

a) 123 + 67	b) 268 – 70
102 + 24	392 – 23
636 + 36	396 – 96
382 + 50	299 – 14
656 + 80	239 – 50

2 Dampflokomotiven wurden mit a) ______ befeuert. In einem großen Kessel wurde aus b) ______ Dampf erzeugt. Damit wurden die Kolben bewegt und so die Räder angetrieben.

a) 92 + 92	b) 443 – 83
826 + 74	471 – 75
599 + 85	156 – 78
666 + 36	200 – 44
357 + 75	900 – 45
	804 – 68

3 Heute fahren Züge entweder mit a) ______ oder mit b) ______.

a) 128 + 28	b) 196 – 36
236 + 49	883 – 19
382 + 93	703 – 38
268 + 68	406 – 94
555 + 48	235 – 88
	192 – 87

4 Der schnellste deutsche Zug ist der ICE 3. Er kann 300 km in einer a) ______ fahren. Der ICE T mit Neigetechnik kann sich in die b) ______ legen und fährt so auf kurvenreichen Strecken schneller als andere Züge.

a) 170 + 80 – 16	b) 333 – 53 + 70
225 + 75 –15	420 – 84 + 64
75 + 75 – 51	507 – 77 + 45
399 + 51 – 45	935 – 36 + 80
591 + 45 – 36	206 – 88 + 77
280 + 69 – 79	

___ $\xrightarrow{+400}$ / $\xleftarrow{-400}$ ___ $\xrightarrow{-80}$ / $\xleftarrow{+80}$ 500

500 + 80 = 580
580 − 400 = ____

1 Wenn du zu meiner Zahl 400 addierst und dann 80 subtrahierst, erhältst du 500.

2 Wenn du zu meiner Zahl 200 addierst und dann 70 subtrahierst, erhältst du 400.

3 Wenn du zu meiner Zahl 5 addierst und dann das Ergebnis verdoppelst, erhältst du 400.

4 Wenn du von meiner Zahl 230 subtrahierst und dann durch 10 dividierst, erhältst du 7.

5 Wenn du von meiner Zahl 190 subtrahierst und dann mit 7 multiplizierst, erhältst du 35.

6 Addiere zur Summe von 48 und 28 die Zahl 99. Du erhältst so meine Zahl.

7 Verdopple 301 und addiere dazu 199. Du erhältst so meine Zahl.

8 Multipliziere 9 und 7. Addiere zum Ergebnis 437. Du erhältst so meine Zahl.

9 Halbiere 30. Multipliziere dann das Ergebnis mit 10. Du erhältst so meine Zahl.

Boot	1	2
Ergebnis	180	
Buchstabe	S	

Zahlix und Zahline beobachten
auf dem S _ _ eine _ _ _ _ _ _ _ _ A.

Rechnen mit großen Zahlen

1

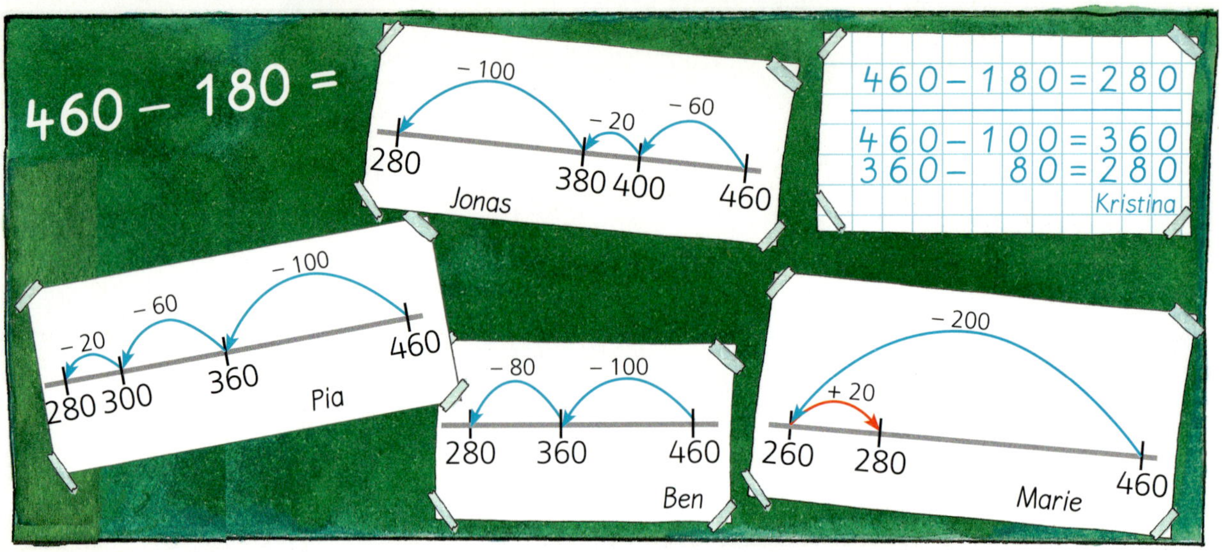

2 Wie rechnest du?

a) 460 – 210
460 – 240

b) 530 – 140
530 – 230

c) 650 – 480
710 – 480

d) 710 – 140
600 – 140

e) 940 – 360
300 – 190

110 170 220 230 250 300 370 390 460 570 580

3

a) 460 – 180
461 – 180

b) 640 – 260
642 – 260

c) 810 – 350
816 – 350

d) 370 – 160
378 – 160

e) 900 – 700
905 – 703

4

a) 930 – 380
930 – 480
930 – 580

b) 870 – 250
770 – 250
670 – 250

c) 827 – 650
727 – 550
627 – 450

d) 965 – 70
865 – 170
765 – 270

e) 549 – 310
559 – 320
569 – 330

5 Plus-Aufgaben. Wie rechnest du?

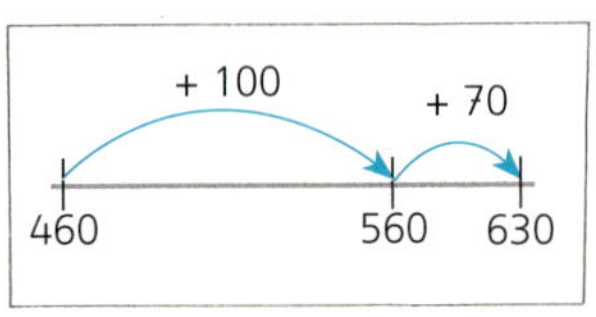

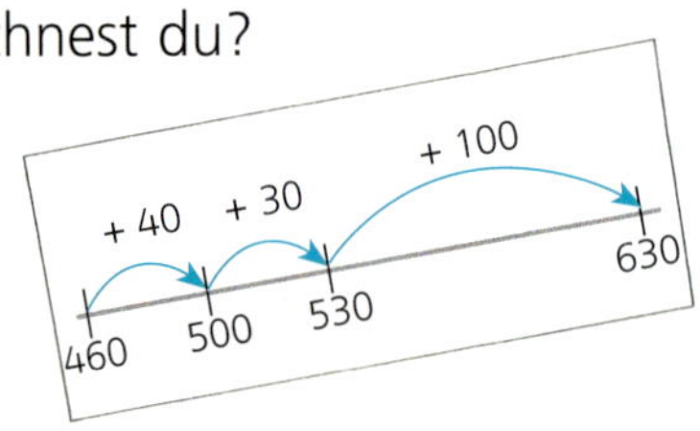

a) 460 + 170
460 + 280
460 + 460

b) 270 + 270
140 + 390
390 + 280

530 540 630 670 740 920 950

6

a) 460 + 270
461 + 270

b) 640 + 180
644 + 180

c) 130 + 490
130 + 495

d) 250 + 340
252 + 340

e) 306 + 400
302 + 404

7

a) 340 + 260
350 + 250
360 + 240

b) 430 + 270
450 + 250
470 + 230

c) 568 + 420
558 + 430
548 + 440

d) 573 + 350
473 + 350
373 + 350

e) 543 + 190
543 + 290
543 + 390

8

a) 370 + 190
480 + 290
150 + 380
360 + 190

b) 290 + 420
390 + 340
570 + 150
290 + 530

c) 450 + 390
240 + 680
390 + 550
320 + 380

530 550 560 570 700 710 720 730 770 820 840 920 940

4, 7 Starke Aufgaben: Gesetzmäßigkeit erkennen, Aufgabenfolge fortsetzen.

Erst schätzen, dann rechnen

47 | 99 | 130 | 290 | 350 | 480 | 502 | 630

1 a) Wähle zwei Zahlen. Addiere sie.

b) Die Summe soll kleiner als 400 sein.
Es gibt sechs Aufgaben.
146 177 229 337 389 397

2 Wähle zwei Zahlen und bilde die Summe.

a) Die Summe soll zwischen 600 und 700 liegen.
Es gibt fünf Aufgaben.
601 610 632 640 677

b) Die Summe soll zwischen 400 und 600 liegen.
Es gibt sechs Aufgaben.
420 449 480 527 549 579

3 a) Neue Zahlen auf der Zahlenleine.
Wähle zwei Zahlen und bilde die Summe.

56 | 70 | 98 | 204 | 370 | 388 | 436 | 512

b) Die Summe soll kleiner als 400 sein.
Es gibt sechs Aufgaben. 126 154 168 260 274 302

c) Die Summe soll zwischen 500 und 600 liegen.
Es gibt sechs Aufgaben. 506 534 568 582 574 592

d) Die Einerstelle im Ergebnis ist Null.
Es gibt fünf Aufgaben. 260 440 610 640 900

4 a) Nun wird subtrahiert. Wähle zwei Zahlen und bilde die Differenz.

25 | 60 | 95 | 110 | 301 | 450 | 630 | 1000

b) Die Differenz soll kleiner als 100 sein.
Es gibt sechs Aufgaben. 15 35 35 50 70 85

c) Die Differenz soll größer als 600 sein.
Es gibt sechs Aufgaben. 605 699 890 905 940 975

d) Die Differenz soll zwischen 300 und 400 liegen.
Es gibt fünf Aufgaben. 329 340 355 370 390

5 Verwandte in englischer Sprache.

a)	b)	c)	d)
$5 \cdot 9 + 135$	$64 : 8 + 307$	$8 \cdot 5 + 380$	$63 : 9 + 393$
$7 \cdot 3 + 140$	$24 : 4 + 249$	$7 \cdot 8 + 560$	$32 : 4 + 397$
$6 \cdot 6 + 120$	$27 : 3 + 687$	$5 \cdot 9 + 240$	$48 : 8 + 694$
$4 \cdot 4 + 180$	$42 : 6 + 793$	$9 \cdot 6 + 630$	$36 : 4 + 693$
$3 \cdot 9 + 120$	$35 : 7 + 427$	$8 \cdot 9 + 360$	$24 : 3 + 567$

Kommaschreibweise bei Geld

1 Suche dir Material aus dem Bastelgeschäft aus und lies deiner Nachbarin das Preisschild vor. Sie schreibt den Preis wie Zahline auf drei Weisen. Dann wechselt ab.

2 Lege mit Rechengeld und schreibe so:
1 € 10 ct = 110 ct = 1,10 €

€	ct	
1	1	0
9	4	0
2	9	5
	9	5
	5	0

3 Partnerspiel:
Ein Kind legt einen Geldbetrag. Der Partner nennt den Geldbetrag und schreibt ihn auf drei Weisen.

4 Schreibe die Beträge als Kommazahl, dann lies sie vor.

a)	b)	c)	d)	e)
2 € 20 ct	7 € 15 ct	14 € 10 ct	100 ct	4 ct
5 € 81 ct	10 € 9 ct	20 € 50 ct	10 ct	95 ct
3 € 99 ct	12 € 5 ct	50 € 80 ct	1 ct	364 ct

5 Es müssen noch Preisschilder für die Waren geschrieben werden.
Hilf Zahlix bei der Arbeit.

Preistabelle

Farbkasten	449 ct
Ringbuchmappe	139 ct
Sammelmappe	210 ct
Schülerkalender	490 ct
Zeichenblock	109 ct
Federmäppchen	509 ct
Radiergummi	49 ct
Anspitzer	59 ct

6 Schreibe alle Beträge als Kommazahlen. Ordne sie.
Beginne mit dem kleinsten Wert.

7,45 € 425 ct 7 € 55 ct 4 € 15 ct 705 ct 457 ct

7 Subtrahiere bis zum nächsten vollen Eurobetrag.

a) 5,80 € – ____ € = 5,00 €
7,40 € – ____ € = 7,00 €
9,75 € – ____ € = 9,00 €

b)	c)
9,15 €	5,44 €
4,63 €	8,99 €
3,06 €	2,85 €

8 Wie viel Geld fehlt bis zum nächsten vollen Eurobetrag?

a) 3,90 € + ____ € = 4,00 €
5,50 € + ____ € = 6,00 €
7,35 € + ____ € = 8,00 €

b)	c)	d)	e)
8,25 €	4,42 €	2,12 €	1,27 €
6,13 €	9,05 €	4,48 €	8,54 €
7,08 €	1,71 €	3,05 €	9,29 €

1 Wie viel Geld kosten Wachsmalstifte und Fingerfarben ungefähr zusammen? Verstehst du, wie Zahline gerechnet hat?

Pinsel	1,20 €
Lack	2,40 €
Seidenmalfarbe	2,35 €
Seidentuch	2,20 €
Schreibblock	0,75 €
Plakatkarton	0,59 €
Plakatstift	2,90 €
Filzstifte	2,95 €
Wachsmalstifte	3,70 €
Fingerfarben	4,90 €

2 Wie haben die Kinder den genauen Preis berechnet? Erkläre.

3,70 € + 4,90 € = 8,60 €

3,00 € + 4,00 € = 7,00 €
0,70 € + 0,90 € = 1,60 €

Jonas

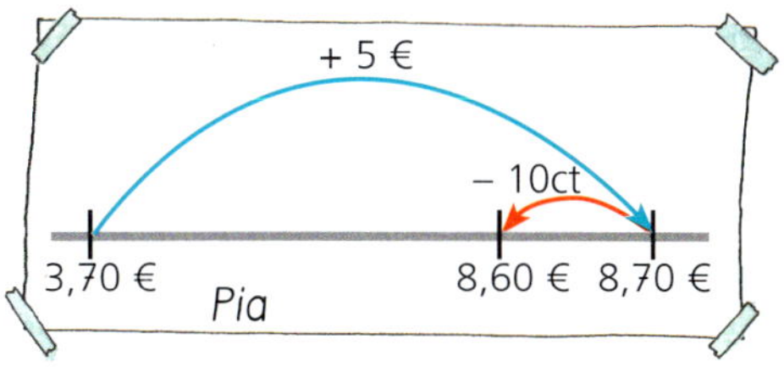

3 Wie viel Geld kostet es ungefähr zusammen? Wie viel kostet es genau?

a) Wachsmalstifte und Plakatkarton
b) Seidenmalfarbe und Pinsel
c) Filzstifte und Lack
d) Wachsmalstifte und Schreibblock

4

a) 3,60 € + 2,30 €
4,20 € + 3,50 €
6,40 € + 2,60 €

b) 4,70 € + 3,70 €
2,80 € + 6,30 €
1,90 € + 4,40 €

c) 6,40 € + 0,85 €
0,55 € + 8,70 €
0,95 € + 6,60 €

d) 2,70 € + 0,65 €
0,85 € + 7,15 €
0,75 € + 0,55 €

1,30 € 3,35 € 5,50 € 5,90 € 6,30 € 7,25 € 7,55 € 7,70 € 8 € 8,40 € 9 € 9,10 € 9,25 €

5 a) Wie viel Geld bezahlen die Kinder?
b) Jedes Kind bezahlt mit einem 10-€-Schein. Wie viel Geld bekommen sie zurück?

Ben
a) 2,90 € + 2,90 € = 5,80 €
b) 5,80 € + ___ € = 10,00 €

6 Die beiden Ergebnisse zusammen ergeben immer 10 €.

a) 9,70 € – 3,40 €
7,20 € – 3,50 €

b) 5,40 € – 2,60 €
8,50 € – 1,30 €

c) 8,10 € – 2,30 €
9,10 € – 4,90 €

d) 6,20 € – 0,75 €
5,50 € – 0,95 €

7 Kann das stimmen?

a) *Alina kauft zwei Plakatstifte. Sie soll 7 € bezahlen.*

b) *Herr Kästner soll 225 € bezahlen. Er hat drei Schreibblöcke gekauft.*

c) *Ben kauft drei Packungen Wachsmalstifte. „Ein 10-€-Schein reicht", meint er.*

1

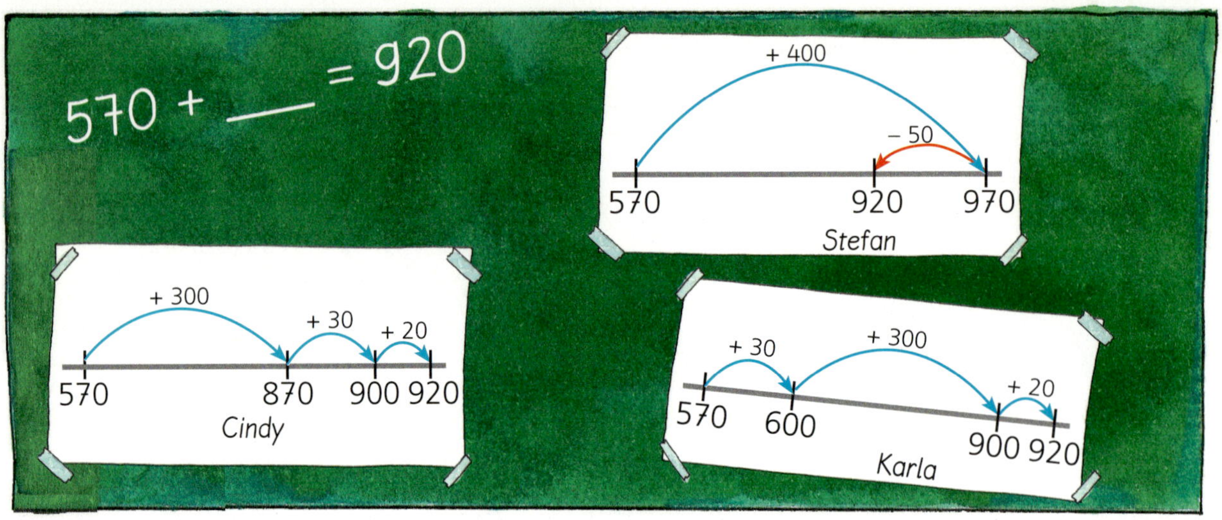

2 Wie rechnest du?

a) 540 + ___ = 570
540 + ___ = 610
540 + ___ = 640
540 + ___ = 680

b) 630 + ___ = 830
630 + ___ = 710
630 + ___ = 790
630 + ___ = 820

c) 355 + ___ = 400
345 + ___ = 400
377 + ___ = 400
391 + ___ = 400

d) 521 + ___ = 600
547 + ___ = 600
503 + ___ = 600
556 + ___ = 600

9 23 28 30 44 45 53 55 70 79 80 97 100 140 160 190 200

3

a) 563 + ___ = 593
563 + ___ = 613
568 + ___ = 608
568 + ___ = 668

b) 224 + ___ = 524
227 + ___ = 307
221 + ___ = 921
226 + ___ = 726

c) 338 + ___ = 538
338 + ___ = 448
398 + ___ = 408
396 + ___ = 996

d) 472 + ___ = 872
481 + ___ = 501
412 + ___ = 502
422 + ___ = 542

10 20 30 40 50 70 80 90 100 110 120 200 300 400 500 600 700

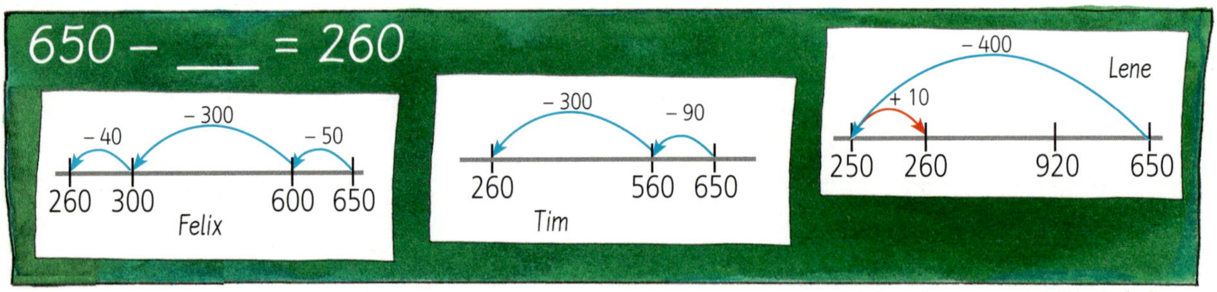

4 Wie rechnest du?

a) 660 – ___ = 620
660 – ___ = 600
660 – ___ = 570
660 – ___ = 530

b) 750 – ___ = 610
750 – ___ = 550
750 – ___ = 560
750 – ___ = 390

c) 475 – ___ = 445
475 – ___ = 375
473 – ___ = 393
479 – ___ = 179

d) 942 – ___ = 342
945 – ___ = 545
943 – ___ = 873
949 – ___ = 949

0 30 40 60 70 80 90 100 130 140 150 190 200 300 360 400 600

5

a)

b)

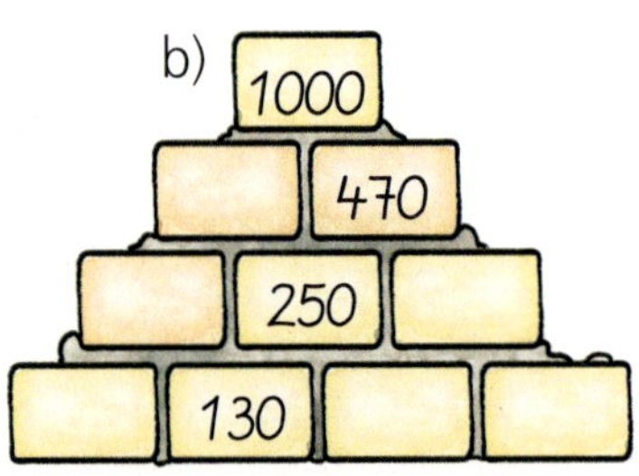

c)

d)

Abziehen oder Ergänzen

1 Abziehen oder Ergänzen? Wie rechnest du?

2

a) 202 – 195	b) 303 – 297	c) 812 – 802	d) 764 – 740	e) 1000 – 954
904 – 896	608 – 599	402 – 201	505 – 480	1000 – 37
703 – 699	807 – 47	712 – 699	124 – 98	1000 – 683

4 6 7 8 9 10 13 24 25 26 32 46 201 317 760 963

3

a) 510 – 470	b) 820 – 770	c) 680 – 230	d) 550 – 541	e) 900 – 890
720 – 690	600 – 510	790 – 710	310 – 295	900 – 590
310 – 290	950 – 890	420 – 350	120 – 87	900 – 130

9 10 15 20 30 33 40 50 60 70 80 90 120 310 450 770

4

a) 302 – 296	b) 605 – 599	c) 901 – 887	d) 403 – 398	e) 804 – 797
302 – 286	615 – 599	911 – 897	503 – 398	704 – 697
302 – 276	625 – 599	921 – 907	603 – 398	604 – 597

5 a) Welche Aufgabenfolge aus Aufgabe 4 ist gemeint?
Regel A: Beide Zahlen sind immer um 10 größer, das Ergebnis bleibt gleich.
Regel B: Die erste Zahl ist immer um 100 größer, das Ergebnis auch.
Regel C: Die zweite Zahl ist immer um 10 kleiner, das Ergebnis immer um 10 größer.
b) Schreibe auch die Regeln für die anderen Aufgabenfolgen auf.

6 a) 500 | 505 | 550 (–) 480 | 48 | 488   b) 908 | 980 | 988 (–) 890 | 89 | 809

12 17 18 20 25 55 62 70 90 98 99 171 179 452 457 502 819 891 899

7

a) 

b) 

c) 

d) 

e) 

8

a) 

b) 

c) 

d) 

e) 

7, 8 Minus-Trauben. Benachbarte Zahlen subtrahieren. Das Ergebnis in die Mitte darunter schreiben.

1 a)

b)

2 Alle Ergebnisse haben die Quersumme 8.

a) 450 + 170
320 + 210
190 + 250

b) 302 + 309
239 + 102
199 + 601

3 Schreibe zwei weitere Aufgaben.

a)
600 – 37
610 – 47
620 – 57

b)
702 – 695
602 – 595
502 – 495

4 Alle Ergebnisse haben die Quersumme 12.

a) 810 – 420
930 – 360
760 – 280

b) 369 – 150
712 – 403
550 – 108

5 a) 530 + ____ = 600
273 + ____ = 300
651 + ____ = 700

b) 386 + ____ = 393
597 + ____ = 605
770 + ____ = 820

7 8 27 49 50 70 71

6 a) 600 – ____ = 480
700 – ____ = 250
900 – ____ = 690

b) 593 – ____ = 503
487 – ____ = 187
803 – ____ = 723

80 90 120 200 210 300 450

7

8

9 Wie viel Geld kostet es ungefähr zusammen, wie viel kostet es genau?

a)

b)

c)

d)

10

1 Wie spät ist es? Schreibe immer zwei Uhrzeiten auf.

a)  b)  c)  d)  e) 

2 a) Wie viele Minuten sind es bis zur vollen Stunde?

A 12:07 B 09:47 C 15:23 D 18:51 E 20:12

b) Wie viel Uhr war es vor einer halben Stunde?

c) Wie viel Uhr ist es in einer Viertelstunde?

3 a) Wie lange dauern die einzelnen Sendungen?

b) Frauke will nicht länger als eine halbe Stunde vor dem Fernseher sitzen. Sie möchte aber verschiedene Sendungen sehen. Geht das?

c) Peter sieht sich die Koalas und Mission Odyssey an. Wie lange sitzt er vor dem Fernseher?

KiKa

14.10 Schloss Einstein
15.00 Koalas
15.50 logo!
16.00 Platz für Helden
16.25 Mein Ah!
16.30 Mission Odyssey
17.15 Flipper & Lopeka
17.35 Timm Thaler

4 Wie viele Tage sind es?

a) 2 Wochen und ___ Tage = 20 Tage

b) 4 Wochen und ___ Tage = 30 Tage

c) 5 Wochen und ___ Tage = 40 Tage

5

a)	b)	c)
42 : 7	32 : 4	21 : 3
45 : 9	35 : 7	24 : 6
48 : 8	36 : 9	25 : 5

6 Verteile gerecht 35 Sticker. Wie viele Sticker erhält jedes Kind? Wie viele Sticker bleiben übrig?

a) 5 Kinder b) 6 Kinder c) 8 Kinder

7 a)

b) Die Zielzahl ist immer um ____ als die Startzahl.

8

a) Wie viele gerade Zahlen sind in dem Sack? Wie viele ungerade?

b) Wie viele Zahlen mit der Quersumme 25 findest du?

c) Wie heißt die größte Zahl mit der Quersumme 10?

d) Wie heißt die kleinste Zahl mit der Quersumme 20?

e) Nimm vier Zahlen. Subtrahiere von jeder Zahl ihre Quersumme. Addiere jeweils die drei Ziffern des Ergebnisses. Was fällt dir auf?

f) Die Ziffern an der Hunderterstelle und an der Zehnerstelle sollen zusammen kleiner sein als die Ziffer an der Einerstelle. Wie viele Ziffern gibt es?

Größen und Sachrechnen

1 Was ist schwerer?

Nimm die Gegenstände in die Hand und vergleiche.
a) Zwei Tornister
b) Tornister und Papierkorb
c) Stuhl und Tornister
d) Becher und Tasse

2 Wähle andere Gegenstände und vergleiche.

3 Ordne die Gegenstände nach ihrem Gewicht.

Schätze zuerst, dann prüfe mit der Waage.

a) 

b) 

c) 

d) 

4 Welches Kind ist am schwersten, welches am leichtesten?

a) 

b) 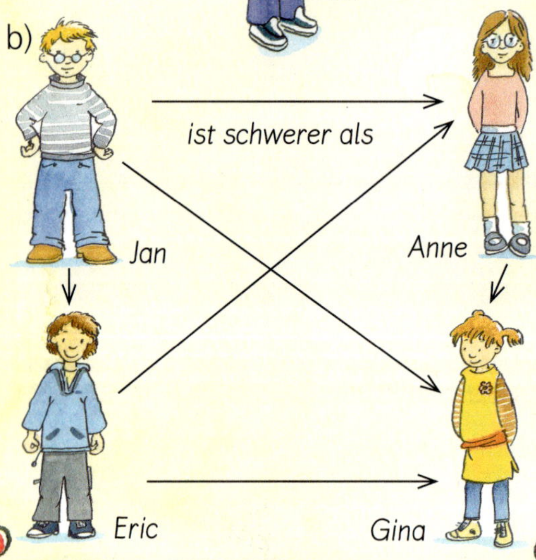

5 Kann das sein?

a) Lisa sagt: „Mein Radiergummi ist schwerer als mein Mathematikbuch."
b) Tom meint: „Ich bin schwerer als mein Tornister."
c) Kai behauptet: „Mein Hamster ist schwerer als ich."
d) Anna erklärt: „Meine Oma ist schwerer als mein Papa."

Gramm und Kilogramm

1 a) Ordne die Gegenstände nach ihrem Gewicht. Schätze zuerst, dann prüfe nach. Welche Waage benutzt du?

A B C D E F G

b) Anna hat die Gegenstände gewogen. Ordne die Gewichte zu.
Schreibe so: *A 15 g*

15 g 20 g 100 g 180 g 220 g 800 g 3 kg

2 Ordne die Gewichte zu. Schreibe wie Zahlix.

30 g 85 g 250 g 450 g 500 g 1000 g

3 a)

70 ____

b)

20 ____

c)

1 ____

d)

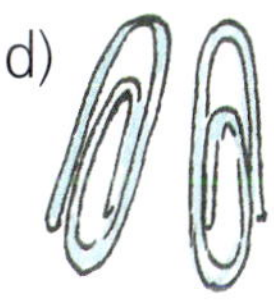

Gramm (g) oder Kilogramm (kg)

1 ____

e)

100 ____

f)

25 ____

g)

10 ____

4

1 kg = ____ g

$\frac{1}{2}$ kg = ____ g

$\frac{1}{4}$ kg = ____ g

Rechnen mit Gewichten

1

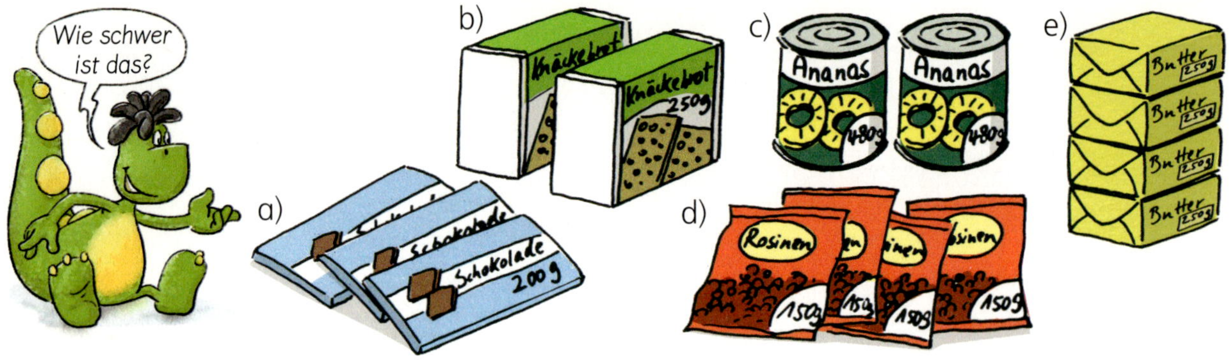

2 Wie viele Teile musst du von einer Sorte kaufen, um genau 1 kg zu haben?
Schreibe: *4 Pakete Butter wiegen 1 kg.*

3 Paula geht einkaufen.
Wie viel Gewicht muss sie am Montag (Mittwoch, Freitag) tragen?
Der leere Korb wiegt 350 g.

Montag	**Mittwoch**	**Freitag**
250 g Butter	1000 g Quark	1 l Milch
500 g Joghurt	750 g Äpfel	1 kg Mehl
100 g Schokolade	250 g Wurst	150 g Joghurt

4 Mutter geht am Samstag einkaufen.

Supermarkt
Gemüseladen
Bäcker
Metzger

a) Wie viel Gewicht kommt in jedem Geschäft hinzu?
b) Wie viel wiegt der Korb nach dem Einkauf? Der leere Korb wiegt 540 g.
c) Kannst du den Einkaufskorb tragen?

5 Wahr, falsch oder nicht zu beantworten?

a) Mutter kauft $\frac{1}{2}$ kg Äpfel.

b) Mutter kauft 400 g Mehl.

c) Mutter kauft ein Bauernbrot.

d) Das Brot wiegt mehr als der Zucker.

e) Die Wurst wiegt mehr als ein Paket Butter.

f) Mutter kennt den Metzger schon lange.

g) Mutters Korb wiegt nach dem Einkauf beim Metzger mehr als 9 kg.

h) Mutters Korb ist nach dem Einkauf so schwer wie deine Schultasche.

1 Wie viel Gramm wiegt das Obst?

a) 

b) 

c) 

2 Welche Gewichtsstücke setzt du auf die Waage?
Verwende so wenige wie möglich.
Schreibe: *a) 350 g = 200 g + 100 g + 50 g*

a) 350 g	435 g	444 g	481 g
b) 538 g	555 g	642 g	666 g
c) 674 g	723 g	777 g	888 g
d) 999 g	1001 g	1052 g	1100 g

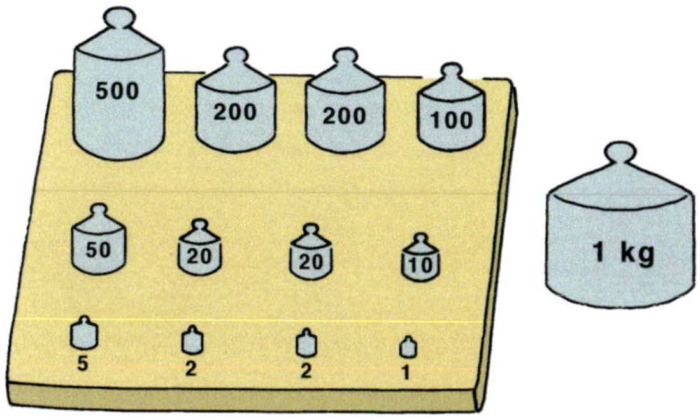

3 Richtig oder falsch? Wer hat Recht?

4 a) Ein Kind nennt ein Gewicht. Das andere setzt es aus möglichst wenigen Gewichtsstücken zusammen.
b) Für welches Gewicht braucht ihr viele Gewichtsstücke? Wie viele braucht ihr?

5 Wie schwer ist das Obst?

a) 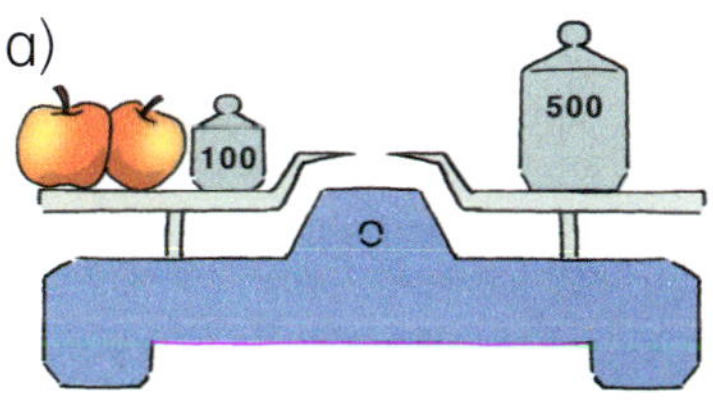

b) 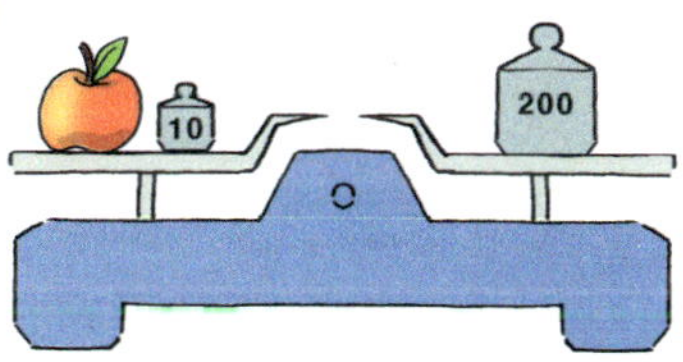

c) 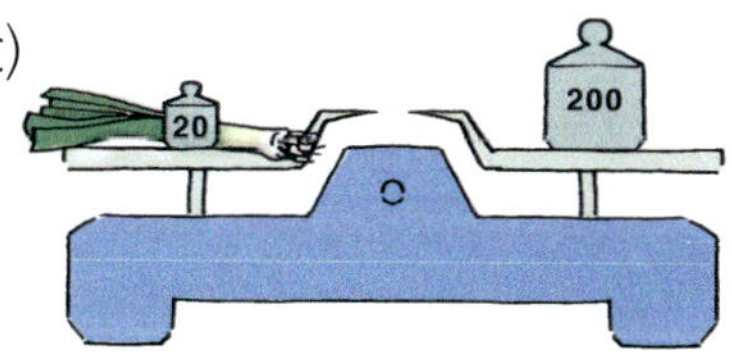

6 Wie viel wiegt ein Stück von jedem Gemüse?

a) 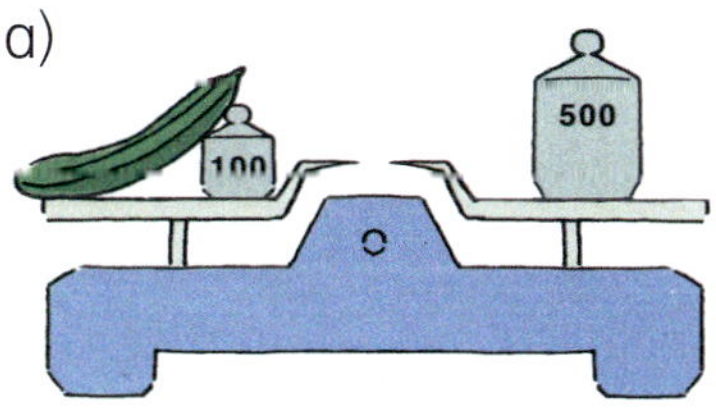

b) 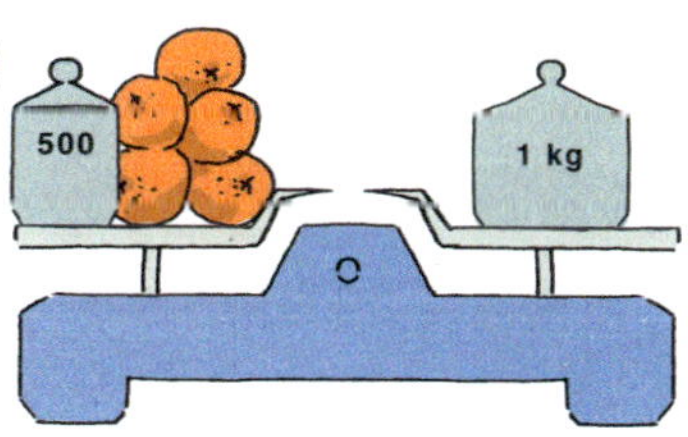

c) 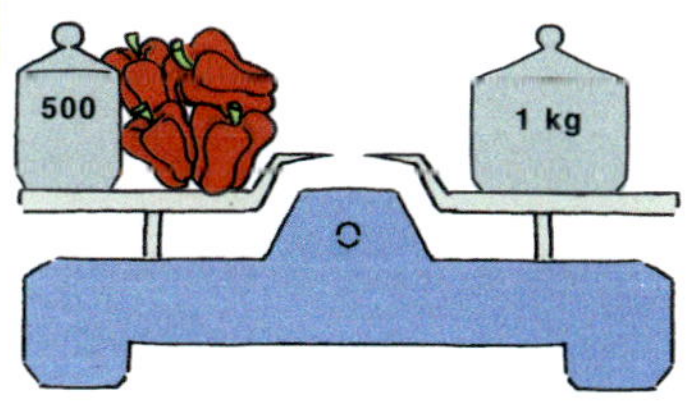

7 Welche Gewichtsstücke fehlen auf der linken Seite?

a) 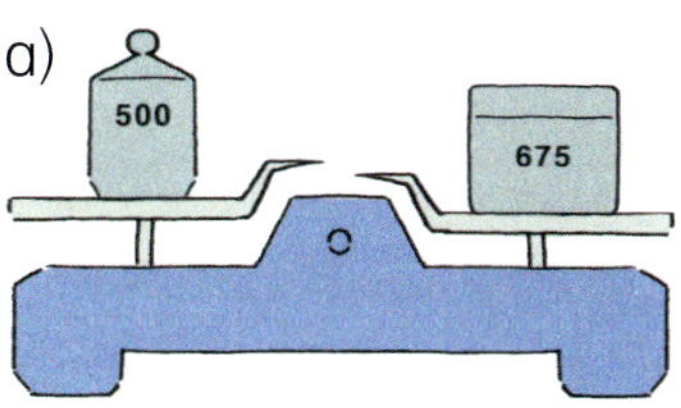

b) 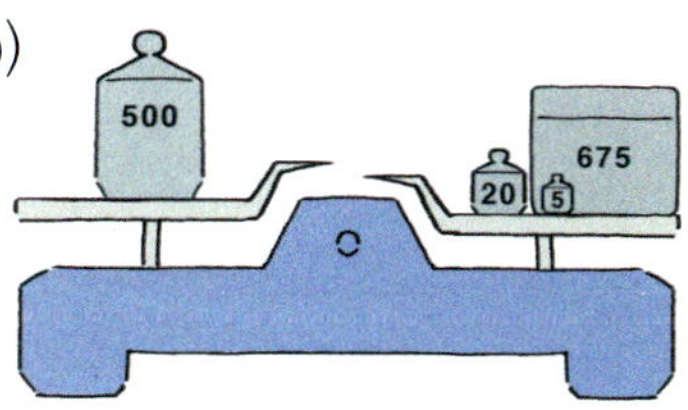

c) 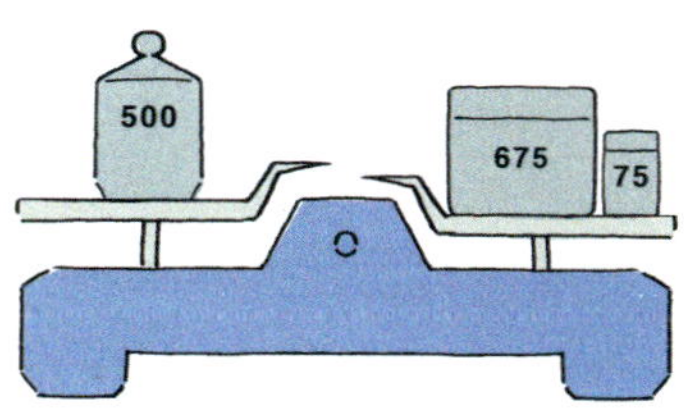

Gorillas ernähren sich im Urwald hauptsächlich von Blättern, Stängeln und Farnen. Zwischendurch fressen sie auch reife Früchte. Im Zoo bekommen sie zusätzlich noch Spezialfutter.

So viel fressen Zootiere an einem Tag.

Gorilla:	30 kg Futter
Löwe:	15 kg Fleisch
Elefant:	75 kg Futter
Giraffe:	60 kg Futter

1 Wie viel Kilogramm Futter frisst ein Gorilla in sechs Tagen?
Die Kinder lösen die Aufgabe mit einer Rechentabelle.
Jedes Kind auf seine Weise.

Ben

Tage	1	2	3	4	5	6
Futter (kg)	30	60				

Lisa

Tage	1	2	4	6
Futter (kg)	30	60		

Anna

Tage	1	2	3	6
Futter (kg)	30	60		

2 Großeinkauf für den Zoo. Berechne den Futterbedarf. Löse mit einer Rechentabelle.

a) 
1 Löwe – 6 Tage

b) 
1 Gorilla – 8 Tage

c) 
1 Giraffe – 8 Tage

d) 
1 Elefant – 9 Tage

3 Im Zoo leben drei Gorillas. Wie viel Futter verbrauchen sie zusammen in zwölf Tagen?

4 Zum Zoo gehören zwei Löwen. Einer von ihnen ist sehr gefräßig. Er frisst 20 kg Fleisch an einem Tag. Wie viel Futter verbrauchen beide Löwen zusammen in elf Tagen?

5 Tierpfleger Max muss täglich drei Elefanten, vier Giraffen und drei Gorillas füttern. Wie viel Futter muss er an einem Tag zubereiten?

So viel wiegen Zootiere.

Elefantenbaby:	100 kg
Löwe:	200 kg
Gorillaweibchen:	150 kg
Gorillababy:	750 g
Orang-Utan:	75 kg
Schimpanse:	50 kg

1 Gewinnspiel im Zoo. Die Besucher sollen das Gewicht aller großen Schimpansen bestimmen. Im Zoo leben 16 große Schimpansen. Tom freut sich. Er hat das Info-Schild gelesen und kennt das Gewicht von einem Schimpansen ganz genau.

Anzahl	1	2	4	8	16
Gewicht (kg)	50	100			

2 Fragen beim Gewinnspiel.

a) Wie viel Kilogramm wiegen sechs Orang-Utans?

b) Wie viel Kilogramm wiegen fünf Gorillaweibchen?

c) Wie viel Kilogramm wiegen vier Gorillababys?

3

4 Der Zoo hat noch 360 kg Futter als Vorrat für die Gorillas. Max sagt: „Damit kann ein Gorilla zehn Tage auskommen." Stimmt das?

Tage	1				
Futter (kg)	30	60			

5 Im Elefantenhaus Nr. 1 leben zwei Elefanten. Es sind noch 600 kg Futter vorrätig. Wie lange reicht dieser Vorrat?

6 Für das Elefantenhaus Nr. 2 gibt es noch 900 kg Futter. Der Vorrat reicht für drei Tage. Wie viele Elefanten leben im Haus Nr. 2?

Tägliche Lieblingsspeisen

1 a) Wie viel Kilogramm Gras frisst Milchkuh Emma im Sommer in einer Woche? Löse mit einer Rechentabelle.

b) Wie viel Kilogramm Gras frisst sie in vier Wochen?

2 a) Wie viel Gramm Mais frisst Strauß Willi in vier Tagen? Wie viel Kilogramm sind das?

b) Wie viel Kilogramm Mais frisst er in einem Monat (1 Monat = 30 Tage)?

3 Der Schimpanse Paul frisst jeden Tag 500 g Bananen.

a) Wie viel Kilogramm Bananen frisst er in einer Woche?

b) Wie viel Kilogramm Bananen sind das in einem Monat?

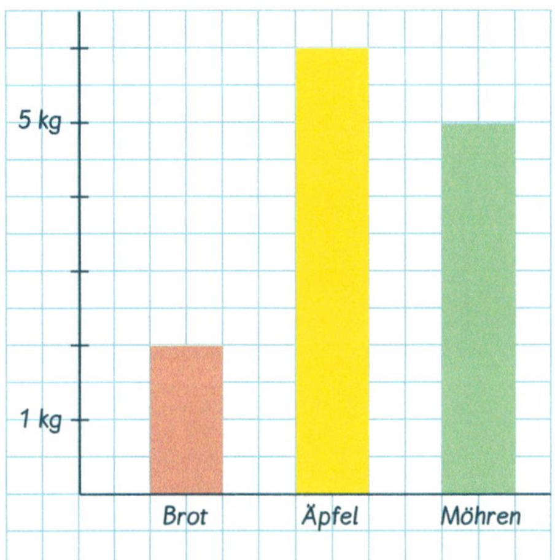

4 Das sind Lillis Lieblingsspeisen. Sie frisst täglich Brot, Äpfel und Möhren.

a) Wie viel Kilogramm Brot sind es an einem Tag?

b) Wie viel Kilogramm Äpfel verschlingt sie täglich?

c) Wie viel Kilogramm Möhren frisst sie an einem Tag?

5 Tierpflegerin Olga soll Lillis Lieblingsspeisen bestellen.

a) Schreibe einen Bestellzettel für eine Woche.

b) Wie viel muss für vier Wochen bestellt werden? Löse mit einer Rechentabelle.

Bestellzettel für Lilli
7 Tage

Brot	___ kg
Äpfel	___ kg
Möhren	___ kg

6 Anna behauptet: „In 30 Tagen frisst Lilli 200 kg Äpfel." Stimmt das?

7 Fünf Äpfel wiegen ungefähr 1 kg.

a) Wie viele Äpfel frisst Lilli an einem Tag?

b) Wie viele Äpfel sind das in einer Woche?

1 Im Zoo leben auch Ponys, Hunde und Katzen. Pony Tapsi frisst in zwei Tagen einen Ballen Heu, Pony Carlos in drei Tagen einen Ballen. Wie viele Tage reichen 10 Ballen Heu für die beiden Ponys?

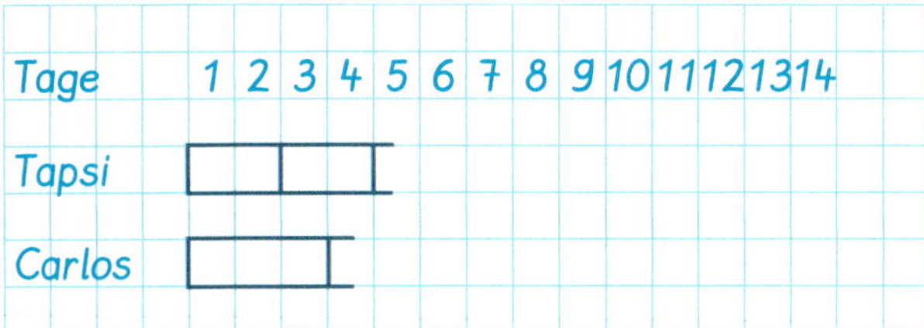

2 Bello frisst in vier Tagen einen Beutel Hundefutter, Asta frisst einen Beutel in drei Tagen. Wie viele Tage reichen 14 Beutel Hundefutter für beide Hunde? Zeichne eine Skizze.

3 Die drei Katzen heißen Pussi, Minki und Charly. Pussi frisst in drei Tagen eine Dose Katzenfutter. Minki frisst in vier Tagen eine Dose, Charly eine in zwei Tagen.

a) Wie viele Dosen Katzenfutter brauchen alle drei Katzen für 12 Tage? Eine Skizze kann dir helfen.

b) Es sind noch 20 Dosen da. Nach wie vielen Tagen muss Katzenfutter bestellt werden?

4 Jan und Eva besuchen mit ihren Familien den Zoo. Am Mittag haben sie Hunger. Am Kiosk kauft Jan für seine Familie drei Brezel und vier Schokobrötchen. Er bezahlt 5,50 €. Eva kauft drei Brezel, aber nur ein Schokobrötchen. Sie bezahlt 2,50 €. Wie viel kostet eine Brezel, wie viel ein Schokobrötchen?

	Brezel	Schokobrötchen	Preis zusammen
Jan			5,50 €
Eva			2,50 €
Unterschied			____ €

5 Evas Mutter kauft am Getränkestand zwei Tassen Kaffee und zwei Gläser Apfelsaft. Sie bezahlt 8 €. Jans Vater kauft ebenfalls zwei Tassen Kaffee, dazu aber noch vier Gläser Apfelsaft. Er bezahlt 11 €.
Wie viel Euro kostet eine Tasse Kaffee, wie viel ein Glas Apfelsaft?
Eine Skizze kann dir beim Lösen helfen.

6 Am Nachbartisch sitzen auch zwei Familien. Sie kaufen Pizza und Käsestangen ein. Wie viel Euro kostet eine Mini-Pizza, wie viel eine Käsestange?

	Pizza	Käsestangen	Preis zusammen
Familie Müller			9 €
Familie Schmitz	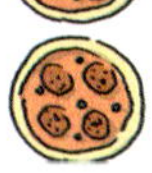		5 €

Versuchen – Erklären – Rechnen – Antworten

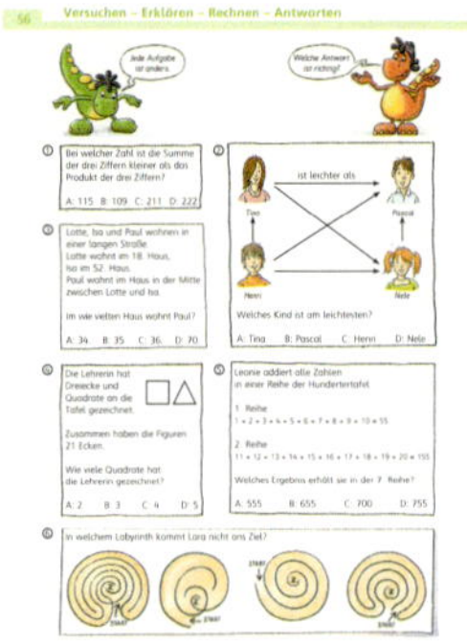

① Bei welcher Zahl ist die Summe der drei Ziffern kleiner als das Produkt der drei Ziffern?

A: 115 B: 109 C: 211 D: 222

② 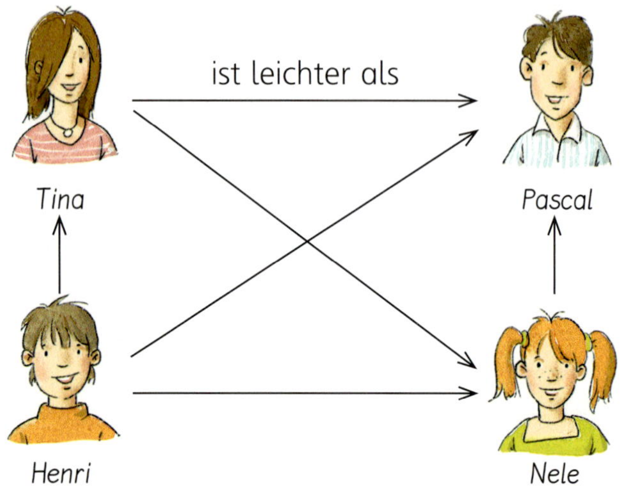

Welches Kind ist am leichtesten?

A: Tina B: Pascal C: Henri D: Nele

③ Lotte, Isa und Paul wohnen in einer langen Straße.
Lotte wohnt im 18. Haus,
Isa im 52. Haus.
Paul wohnt im Haus in der Mitte zwischen Lotte und Isa.

Im wie vielten Haus wohnt Paul?

A: 34. B: 35. C: 36. D: 70.

④ Die Lehrerin hat Dreiecke und Quadrate an die Tafel gezeichnet.

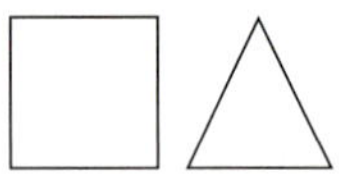

Zusammen haben die Figuren 21 Ecken.

Wie viele Quadrate hat die Lehrerin gezeichnet?

A: 2 B: 3 C: 4 D: 5

⑤ Leonie addiert alle Zahlen in einer Reihe der Hundertertafel.

1. Reihe
1 + 2 + 3 + 4 + 5 + 6 + 7 + 8 + 9 + 10 = 55

2. Reihe
11 + 12 + 13 + 14 + 15 + 16 + 17 + 18 + 19 + 20 = 155

Welches Ergebnis erhält sie in der 7. Reihe?

A: 555 B: 655 C: 700 D: 755

⑥ In welchem Labyrinth kommt Lara nicht ans Ziel?

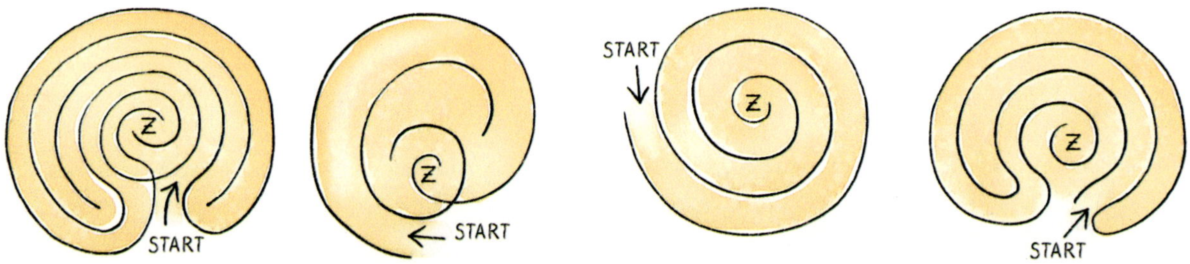

Weitere Aufgaben auf Seite 130 und 131

Kannst du noch das Einmaleins?

1 Jede Schlange eine Einmaleinsreihe. Welche Reihe ist es?
Schreibe die Zahlen der Reihe in dein Heft.

2 Zwei verschiedene Schlangen. Welche Einmaleinsreihen können es sein?
Schreibe die Zahlen in dein Heft.

3 Schlangen-Körbe.
Wie viele Mal-Aufgaben findest du?

4 Wie heißt die Zahl?

a) Sie gehört zur Achter-Reihe. Die Quersumme ist 9.

b) Sie liegt zwischen 20 und 40. In der Einmaleinstafel kommt sie nur einmal vor.

c) Sie gehört zur Neuner-Reihe. Zählst du 1 dazu, hast du eine Quadratzahl.

5

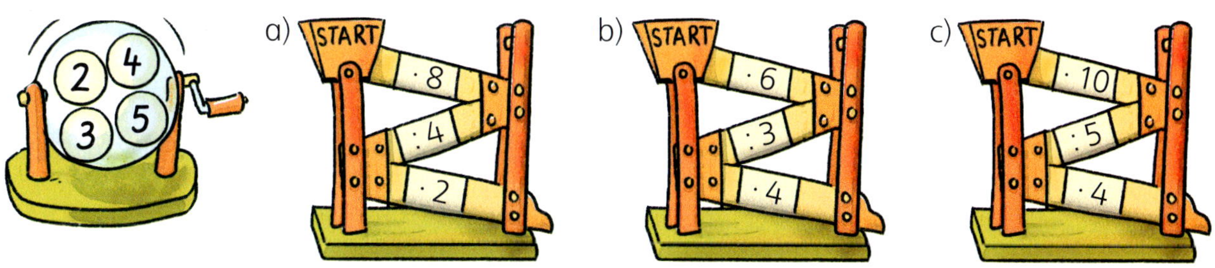

Multiplizieren großer Zahlen

1 a)

$3 \cdot 20$ € = ____ €

b)

c)

2 a)

$3 \cdot 25$ ct = ____ ct

b)

c)

3

4 Lege einen Geldbetrag. Dein Partner legt fünfmal diesen Betrag.
Rechne: Wie viel Geld hat dein Partner?

1 a)

b)

____ · 12 = ____

c)

____ · 12 = ____

2

Kisten	1	2			5	6	7		9	10
Blumen	12	24	36	48				96		

3

a)	b)	c)	d)	e)	f)
4 · 12	2 · 12	10 · 12	24 : 12	72 : 12	120 : 12
3 · 12	5 · 12	9 · 12	48 : 12	84 : 12	108 : 12
6 · 12	7 · 12	8 · 12	60 : 12	12 : 12	96 : 12

4 Welche Zahl der Zwölfer-Reihe ist es?

a) Ihr nächst gelegener Nachbarzehner ist 80.

b) Ihr nächst gelegener Nachbarzehner ist 100.

c) Wenn du die beiden Ziffern vertauschst, ist es wieder eine Zahl der 12er-Reihe.

5 Welche Zahlen gehören zur Achter-Reihe und zur Zwölfer-Reihe?

6

7

a)	b)	c)	d)	e)	f)
3 · 11	2 · 11	8 · 11	66 : 11	77 : 11	110 : 11
5 · 11	4 · 11	10 · 11	33 : 11	22 : 11	44 : 11
7 · 11	6 · 11	11 · 11	55 : 11	99 : 11	88 : 11

8 Welche Zahl der Elfer-Reihe ist es?

a) Ihr nächstgelegener Nachbarzehner ist 80.

b) Ihre Quersumme ist 16.

c) Ihre Quersumme ist 14.

Einmaleins mit 25

1

a)  3 · 25 kg = ____ kg

b) 

8 · 25 kg = ____ kg

c) 

5 · 25 kg = ____ kg

2

Säcke	1	2	3		5	6	7		9		11	12
kg	25			100				200		250		

3 a) 10 · 25
6 · 25

b) 7 · 25
3 · 25

c) 8 · 25
4 · 25

d) Vergleiche die beiden Ergebnisse. Das zweite Ergebnis ist immer um ____ als das erste.

e) Findest du noch weitere Päckchen zu dieser Regel?

4 a) 4 · 25
6 · 25

b) 5 · 25
7 · 25

c) 8 · 25
10 · 25

d) Vergleiche die beiden Ergebnisse. Das zweite Ergebnis ist immer um ____ als das erste.

e) Findest du noch weitere Päckchen zu dieser Regel?

5 In 25er-Sprüngen vorwärts und rückwärts.

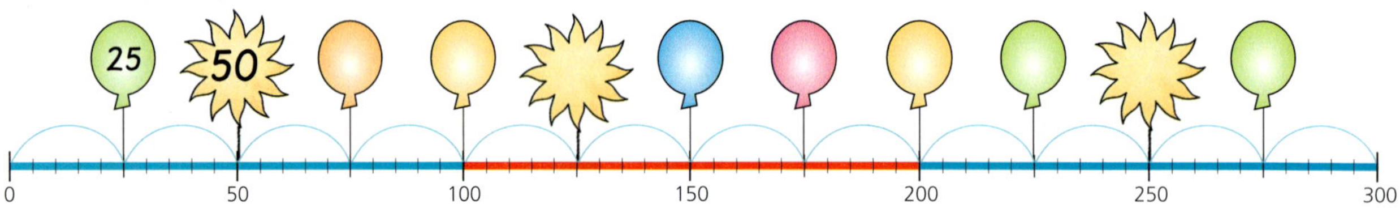

6 Wie viele Sprünge sind es? Schreibe immer zwei Aufgaben.

a) 

			___	·	2	5	=	1	0	0
	1	0	0	:	2	5	=			

b) c) d) e) 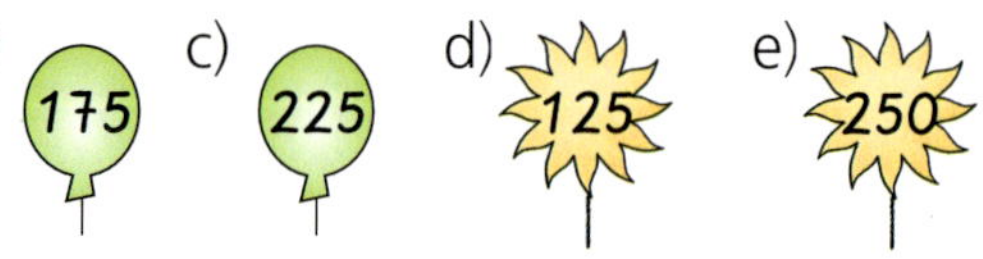

7 a) 100 : 25
50 : 25

b) 250 : 25
25 : 25

c) 150 : 25
50 : 25

d) 225 : 25
125 : 25

e) 175 : 25
75 : 25

8 Ein 100er-Spung sind vier 25er-Sprünge.
Bis 400: Wie viele 100er-Sprünge?
Wie viele 25er-Sprünge?

4	0	0	:	1	0	0	=		
4	0	0	:		2	5	=		

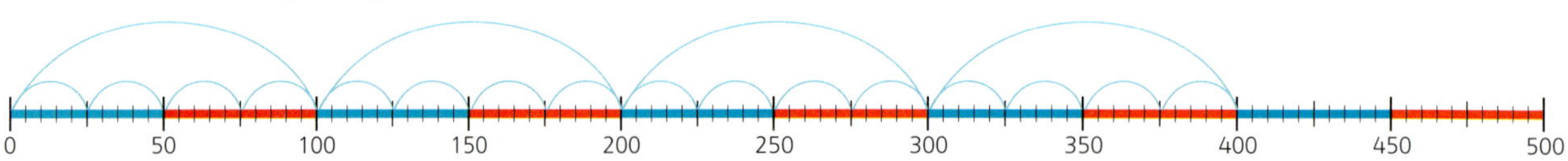

9 Wie viele 100er-Sprünge sind es? Wie viele 25er-Sprünge? Schreibe wie in Aufgabe 8.

a) bis 300 b) bis 500 c) bis 1000 d) bis 800 e) bis 700

1

Paletten	1	2			5	6			9	10
Eier	30		90	120			210	240		

2

Kisten	1	2	3				7	8	9	
Pflanzen	20			80	100	120				200

3

a) 5 · 20
6 · 20
7 · 20

b) 2 · 20
4 · 20
8 · 20

c) 10 · 30
9 · 30
8 · 30

d) 2 · 30
4 · 30
6 · 30

e) 7 · 30
5 · 30
3 · 30

f) 30 · 5
20 · 5
20 · 3

4 In 30er-Sprüngen vorwärts und rückwärts.

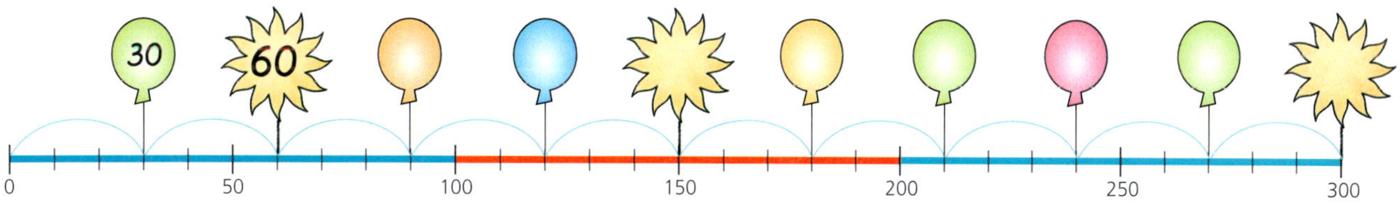

5 Wie viele Sprünge sind es? Schreibe immer zwei Aufgaben.

a) 

__ · 30 = 60
60 : 30 =

b) c) d) e)

6

a) 300 : 30
150 : 30
90 : 30

b) 210 : 30
30 : 30
180 : 30

c) 200 : 20
100 : 20
80 : 20

d) 160 : 20
60 : 20
180 : 20

e) 140 : 20
40 : 20
100 : 20

7

a) 3 · 40
8 · 40

b) 2 · 40
7 · 40

c) 4 · 40
9 · 40

d) 1 · 40
6 · 40

e) 5 · 40
10 · 40

f) Vergleiche die beiden Ergebnisse. Was fällt dir auf? Kannst du es erklären?

1 Der erste a) ________ wurde vor etwa 130 Jahren gebaut. Er wurde mit b) ________ betrieben und erinnerte an eine Lokomotive, nur ohne c) ________.

a)
$1 \cdot 40 + 16$
$3 \cdot 40 - 3$
$5 \cdot 40 - 10$
$9 \cdot 40 - 10$
$0 \cdot 40 + 1$
$8 \cdot 40 + 16$
$7 \cdot 40 + 20$

b)
$2 \cdot 60 + 6$
$3 \cdot 60 + 10$
$5 \cdot 60 - 3$
$2 \cdot 60 - 12$
$9 \cdot 60 - 1$

c)
$1 \cdot 40 + 8$
$2 \cdot 40 + 20$
$4 \cdot 40 + 29$
$5 \cdot 40 - 8$
$6 \cdot 40 + 30$
$10 \cdot 40 + 5$
$11 \cdot 40 - 8$
$0 \cdot 40 + 7$

2 Die ersten Traktoren waren sehr schwer und fuhren sich oft im a) ________ fest. Benjamin Holt baute 1904 an seinem Traktor deshalb b) ________ statt Räder und nannte ihn c) ________fahrzeug.

a)
$0 \cdot 90 + 48$
$1 \cdot 90 + 10$
$2 \cdot 90 + 9$
$3 \cdot 90 - 50$
$4 \cdot 90 + 36$
$5 \cdot 90 - 30$
$6 \cdot 90 + 63$

b)
$1 \cdot 80 - 10$
$2 \cdot 80 - 16$
$3 \cdot 80 - 15$
$6 \cdot 80 + 20$
$8 \cdot 80 + 25$

c)
$9 \cdot 80 + 16$
$10 \cdot 80 + 1$
$1 \cdot 80 + 19$
$9 \cdot 80 - 8$
$4 \cdot 80 - 50$
$5 \cdot 80 + 5$

3 Besonders große Traktoren werden auch a) Groß________ genannt. Die b) ______ sind so groß wie ein Mann und die c) ________ haben bis zu 600 PS.

a)
$2 \cdot 70 + 40$
$3 \cdot 70 + 30$
$11 \cdot 70 + 4$
$0 \cdot 70 + 3$
$4 \cdot 70 - 10$
$10 \cdot 70 + 12$
$1 \cdot 70 + 38$
$6 \cdot 70 + 12$
$3 \cdot 70 + 15$

b)
$4 \cdot 70 + 20$
$6 \cdot 70 + 12$
$8 \cdot 70 + 34$
$1 \cdot 70 + 2$
$2 \cdot 70 + 7$
$6 \cdot 70 - 15$

c)
$7 \cdot 60 - 0$
$9 \cdot 60 + 20$
$0 \cdot 60 + 6$
$4 \cdot 60 + 0$
$8 \cdot 60 - 12$
$10 \cdot 60 - 6$
$1 \cdot 60 + 3$
$2 \cdot 60 + 27$
$11 \cdot 60 + 33$

1 a)

· 7	
30	
40	

· 7	
30	210
40	280
70	

b)

· 6	
30	
70	

2 a)

· 10	
40	
60	

b)

· 8	
30	
50	

c)

· 6	
60	
40	

d)

· 2	
20	
60	

3 a)

· 9	
11	
9	

b)

· 8	
12	
8	

c)

· 5	
25	
5	

d)

· 7	
20	
5	

4 a)

· 4	
	36
	80

b)

· 11	
	88
	110

c)

· 12	
	48
9	

d)

· 25	
	200
	500

5 a)

·	
	400
40	
90	

b)

·	
20	
	180
50	

c)

·	
70	
	150
	500

d)

·	
20	
	45
	225

1

Schnell bin ich hier.	Hier helfe ich mir.
3 · 25 =	6 · 15 =

2

1	2	4	6
15	30	60	90

Isa

Lena

6 0 + 3 0 = 9 0

Paul

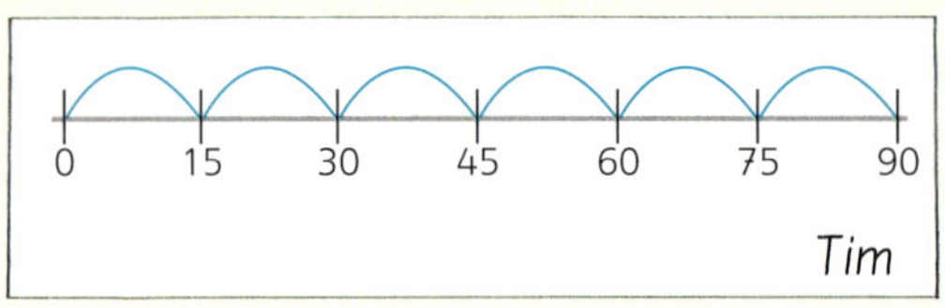

Tim

15, 30, 45, 60, 75, 90

Jason

6 · 15 = 90

6 · 10 = 60
6 · 5 = 30

Jana

· 6	
10	60
5	30
15	90

Johannes

3

a)	b)	c)	d)	e)	f)
5 · 13	2 · 17	5 · 17	3 · 14	10 · 15	10 · 12
6 · 13	3 · 17	7 · 17	6 · 14	4 · 15	9 · 12
7 · 13	4 · 17	9 · 17	9 · 14	5 · 15	8 · 12

34 42 51 60 65 68 75 78 80 84 85 91 96 108 119 120 126 150 153

1

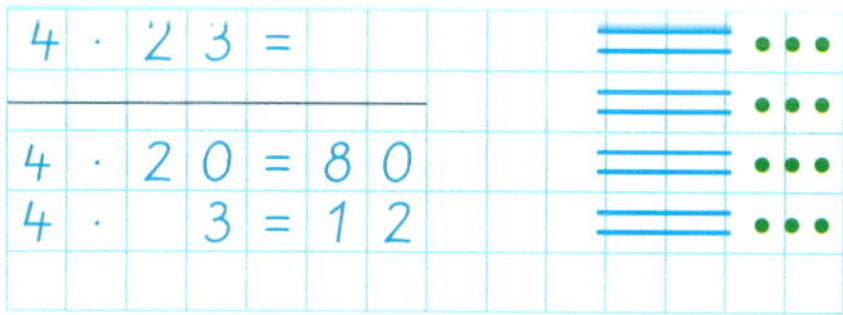

2

a)	b)	c)	d)	e)	f)
5 · 23	4 · 26	9 · 24	5 · 22	3 · 28	4 · 27
6 · 23	6 · 26	5 · 24	7 · 22	5 · 28	7 · 27
7 · 23	8 · 26	3 · 24	9 · 22	6 · 28	9 · 27

72 84 104 108 110 115 120 138 140 154 156 161 168 180 189 198 208 216 243

3 Alle Ergebnisse haben die Quersumme 9.

a)	b)	c)	d)	e)	f)
5 · 18	7 · 45	1 · 63	4 · 18	2 · 18	4 · 108
5 · 27	8 · 54	4 · 36	7 · 18	6 · 42	6 · 102
6 · 30	9 · 59	9 · 17	8 · 63	1 · 72	3 · 207

4

a)	b)	c)	d)	e)	f)
3 · 37	3 · 35	3 · 74	2 · 56	2 · 53	2 · 66
6 · 37	6 · 35	6 · 74	4 · 56	4 · 53	4 · 66

g) Das erste Ergebnis ist immer die ______ vom zweiten Ergebnis.

5

a)	b)	c)	d)	e)	f)
6 · 15	6 · 45	8 · 25	8 · 35	4 · 13	4 · 55
3 · 30	3 · 90	4 · 50	4 · 70	2 · 26	2 · 110

g) Die erste Zahl wird halbiert, die zweite Zahl wird ____. Das Ergebnis ____.

h) Finde zwei weitere Päckchen nach dieser Regel.

6

7

a)	b)	c)	d)	e)	f)
5 · 19	3 · 49	4 · 99	8 · 29	7 · 29	5 · 98
7 · 19	4 · 49	5 · 99	8 · 49	7 · 59	5 · 18
8 · 19	6 · 49	9 · 99	8 · 19	7 · 89	5 · 78
4 · 19	8 · 49	7 · 99	8 · 39	7 · 69	5 · 88

8

a)

b)

c)

d)

1 Der Heißluft a)______ ist das älteste Luftfahrzeug. Er wurde von zwei Franzosen erfunden. Sie entdeckten, dass heiße b) ______ nach oben steigt. Die erste Ballonfahrt fand 1783 statt. Dabei waren keine c) ______ an Bord.

a)	b)	c)
5 · 16	3 · 87	3 · 99
6 · 15	9 · 16	3 · 14
7 · 15	6 · 12	3 · 21
5 · 44	4 · 14	6 · 13
9 · 15		5 · 99
8 · 16		5 · 49
		5 · 39
		8 · 16

2 Der Zeppelin wurde nach seinem Erbauer a) ______ Zeppelin benannt. 1900 stieg das erste Luftschiff am Bodensee auf. Ab 1930 konnte man ohne b) ______ nach c) ______ fahren.

a)	b)	c)
3 · 102	3 · 104	5 · 38
3 · 39	6 · 25	3 · 201
4 · 99	3 · 112	3 · 49
2 · 99	4 · 27	9 · 25
	9 · 12	8 · 108
		7 · 12
		5 · 18

3 Der a) ______ A380 ist zur Zeit das größte Passagierflugzeug. Er ist etwa 70 m lang und hat eine Spannweite von etwa 80 m. Auf zwei b) ______ haben bis zu 850 Passagiere c) ______ .

a)	b)	c)
5 · 112	4 · 40	8 · 89
4 · 69	3 · 90	9 · 29
4 · 75	6 · 40	4 · 28
6 · 35	9 · 99	4 · 49
9 · 56	8 · 39	10 · 54
3 · 26		

1 Immer zwei Fehler-Aufgaben gehören in eine Schublade.
Überprüfe und ordne zu. Dann rechne richtig.

a) 3 · 18 = 46
3 · 10 = 30
3 · 8 = 16

b) 7 · 74 = 508
7 · 70 = 490
7 · 4 = 28

c) 5 · 37 = 50
5 · 3 = 15
5 · 7 = 35

d) 3 · 66 = 186

e) 9 · 47 = 403
9 · 40 = 360
9 · 7 = 63

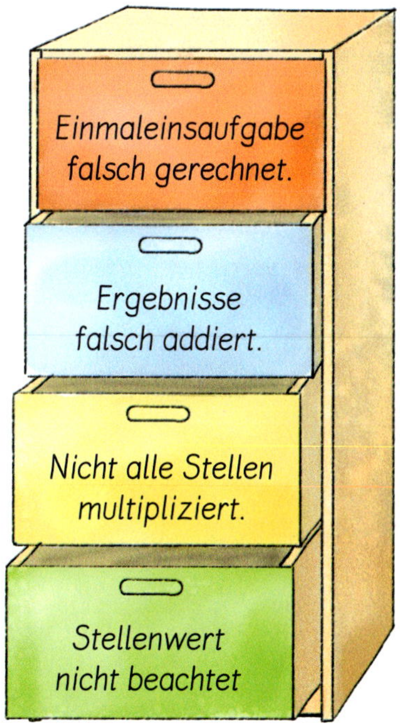

f) 8 · 109 = 881

g) 4 · 102 = 48

h) 5 · 107 = 507

2 Vier Aufgaben sind falsch gerechnet. In welche Schublade gehören sie?
Rechne richtig.

a) 4 · 78 = 322
4 · 70 = 280
4 · 8 = 32

b) 6 · 54 = 316
6 · 50 = 300
6 · 4 = 16

c) 3 · 103 = 39

d) 5 · 109 = 545

e) 8 · 107 = 807

3
a) 5 · 11, 5 · 12, 5 · 13
b) 7 · 13, 7 · 14, 7 · 15
c) 4 · 25, 4 · 26, 4 · 27
d) 8 · 32, 8 · 33, 8 · 34
e) 2 · 46, 2 · 47, 2 · 48
f) 9 · 106, 9 · 107, 9 · 108

g) Das Ergebnis wird immer um die ______ Zahl größer.

4
a) 5 · 33, 3 · 55
b) 2 · 99, 9 · 22
c) 6 · 33, 3 · 66
d) 7 · 44, 4 · 77
e) 8 · 55, 5 · 88
f) 9 · 66, 6 · 99

g) Die beiden Ergebnisse sind ____.
h) Finde zwei weitere Päckchen.

5

a)

b)

c)

d)

3 Starke Aufgaben: Gesetzmäßigkeiten erkennen und Aufgabenfolge fortsetzen.

1 Aus Cent wird Euro.

6	·	7	0	ct	=	4,	2	0	€	

a)

b)

2 Wie teuer sind die Waren?

a) 2 Bund Radieschen b) 5 Kiwis c) 4 Birnen d) 6 Salate

3 Alle sechs Ergebnisse ergeben zusammen 20 €.

a) 3 | 7 | 10 · 60 ct | 40 ct

b) 5 | 6 | 9 · 70 ct | 30 ct

4 a)

6	·	8	5	ct	=				€	
6	·	8	0	ct	=	4,	8	0	€	
6	·		5	ct			3	0	ct	

b)

4	·	2,	3	0	€	=			€
4	·	2,	0	0	€	= 8,	0	0	€
4	·		3	0	ct	= 1,	2	0	€

5 a)

b)

c)

d)

6 Alle sechs Ergebnisse ergeben zusammen 29 €.

a) 4 | 7 | 9 · 1,06 € | 39 ct

b) 5 | 7 | 8 · 46 ct | 0,99 €

7 Wie viel kosten die Waren auf den Einkaufszetteln?

a) 4 Birnen
5 Kiwi
2 Bund Möhren

b) 2 Schalen Erdbeeren
2 Gurken

c) 2 Blumenkohl
4 Bund Radieschen
3 Gurken

d)

Kreative Aufgaben: Rechnen mit Ziffernkarten

1 Drei Ziffernkarten, sechs Mal-Aufgaben.

2 · 7 5

2 · 75 =	7 · 25 =	5 · 72 =
2 · 57 =	7 · 52 =	5 · 27 =

2 Lege und rechne nur die Mal-Aufgabe mit dem größten Ergebnis.

a) 2 9 4 b) 1 8 7 c) 3 4 5 d) 2 6 1 e) 7 9 8

f) Was fällt auf? Die größte Karte liegt ___, die kleinste ___.

3 a) Dieselben Ziffernkarten wie in Aufgabe 2. Nun lege und rechne nur die Mal-Aufgabe mit dem kleinsten Ergebnis.

b) Wie heißt die Regel?

4 Lege und rechne nur die Mal-Aufgaben, deren Ergebnis zwischen 100 und 200 liegt. Es gibt immer mehrere Möglichkeiten.

a) 2 8 6 b) 7 9 1 c) 6 3 5 d) 4 2 8 e) 2 7 5

112 114 133 135 136 139 150 153 168 168 168 172 175 180 192 195

5 Rechne mit vier Ziffernkarten nacheinander drei Aufgaben. Erst multiplizieren, dann subtrahieren, dann multiplizieren. Es gibt viele Möglichkeiten.

6 5 2 7

a) Finde vier verschiedene Ergebnisse.

b) Finde ein möglichst großes Ergebnis.

c) Finde ein möglichst kleines Ergebnis.

a) 6 · 5 = 30	7 · 6 = 42
30 – 2 = 28	42 – 5 =
28 · 7 = 196	37 · 2 =

6 Erst multiplizieren, dann subtrahieren, dann multiplizieren. Finde ein möglichst großes Ergebnis.

a) 5 4 3 8 b) 8 2 4 5 c) 7 2 6 8 d) 3 9 7 4

e) Findest du die Regel? Die beiden ___ Ziffernkarten multiplizieren, dann die ___ Ziffernkarte subtrahieren, dann die letzte Ziffernkarte multiplizieren.

7 a) Dieselben Ziffernkarten wie in Aufgabe 6. Nun soll das Ergebnis möglichst klein sein.

b) Wie heißt die Regel?

8 Erst multiplizieren, dann addieren, dann multiplizieren.

2 3 1 0

a) Wie heißt das kleinste Ergebnis? Wie rechnest du?

b) Wie heißt das größte Ergebnis? Wie rechnest du?

Schätzen

1 Wie viele Zuschauer sind auf dem Bild ungefähr zu sehen? Was schätzt du?
50 100 200 300 400 über 500

2 a) Kirsten hat eine Zuschauerreihe in der Mitte ausgezählt: Da sitzen 22 Zuschauer. Dann zählt sie die Reihen: Es sind 13 Reihen. Eine Rechentabelle hilft ihr weiter.

Reihen	1	3	10	13
Zuschauer	22			

b) Sonja hat eine Reihe vorne ausgezählt: Da sitzen zwanzig Zuschauer.

3 a) Zähle selbst eine Reihe hinten aus. Dann rechne wie Kirsten.
b) Vergleiche dein Ergebnis mit dem von Sonja und mit dem von Kirsten.
c) Wie viele Zuschauer sind auf dem Bild ungefähr zu sehen? Was schätzt du jetzt?

4 a) Um die Anzahl zu schätzen, ist auf das Bild ein Karoraster gelegt. Wie viele Felder hat es?
b) Wählt ein Feld aus und zählt: Wie viele Zuschauer sind darin zu sehen?
c) Berechnet mit dieser Zahl die Gesamtzahl der Zuschauer auf dem Bild. Eine Rechentabelle hilft.
d) Nun zählt ein anderes Feld aus und berechnet damit die Gesamtzahl.
e) Wie viele Zuschauer sind auf dem Bild ungefähr zu sehen? Was schätzt ihr jetzt?

Kakao
Ich trinke 20 l Kakao in der Grundschulzeit.
Ich glaube, ich hatte 100 Stunden Mathematik in der 3. Klasse.
Ich bin eine Künstlerin. Ich habe in der Gundschulzeit schon 100 Bilder gemalt.
Ein Schuljahr hat ungefähr 36 Schulwochen.
Bald bin ich in Klasse 4. Ich bin jetzt schon 600-mal zur Schule gegangen.
600 W.
Alle Kinder unserer Schule bilden eine Kinderkette. Wir schaffen einen Kilometer.
Schule 200km
Ich werde Sportler, denn ich habe 100 Stunden Sportunterricht in einem Monat.
Ich wohne 500 m von der Schule weg. Ich gehe in einem Schuljahr 200 km zur Schule.

1 a) Welche Zahlen gehören zur Zwölfer-Reihe? Schreibe die Mal-Aufgaben dazu.
30 36 50 60 84 96 110 120

b) Welche Zahlen gehören zur 25er-Reihe? Schreibe die Mal-Aufgaben dazu.
75 100 135 150 250 400 500

2 a) $6 \cdot 13$, $4 \cdot 17$, $7 \cdot 18$
b) $18 \cdot 6$, $19 \cdot 5$, $12 \cdot 8$
c) $15 \cdot 7$, $13 \cdot 5$, $15 \cdot 5$

65 68 75 78 95 96 104 105 108 126

3 Alle Ergebnisse haben die Quersumme 9.
a) $3 \cdot 18$, $3 \cdot 15$, $3 \cdot 12$
b) $5 \cdot 27$, $3 \cdot 51$, $6 \cdot 24$
c) $39 \cdot 6$, $25 \cdot 9$, $63 \cdot 4$

4 Die Summe der drei Ergebnisse ist 400.
a) $4 \cdot 30$, $4 \cdot 51$, $4 \cdot 19$
b) $5 \cdot 27$, $5 \cdot 29$, $5 \cdot 24$
c) $15 \cdot 2$, $25 \cdot 5$, $35 \cdot 7$

5 Welche Zahl ist es? Sie ist kleiner als 200 und gehört zur 25er- und zur 30er-Reihe.

6 a) 240 : 40, 240 : 60, 240 : 80
b) 180 : 20, 180 : 30, 180 : 90
c) 175 : 25, 225 : 25, 300 : 25
d) 108 : 12, 48 : 12, 84 : 12

7

Stunden	1	3		7	
Minuten			300		540

8 Wie heißt die Zahl?
a) Wenn du sie durch 50 dividierst, erhältst du 7.
b) Wenn du sie durch 80 dividierst, erhältst du 8.
c) Wenn du sie durch 5 dividierst, erhältst du 25.

90 ct

45 ct

2,10 €

30 ct

0,75 €

80 ct

9 Wie teuer sind die Waren?
a) 2 Tüten Sammelbilder
b) 4 Säckchen Murmeln
c) 20 Luftballons

10 a) 3 Überraschungstüten
b) 5 Bogen Aufkleber
c) 6 Tüten Sammelbilder
d) 6 Tütchen Wasserbomben

11 Wie viel Geld müssen die Kinder bezahlen?

a) Mara kauft eine Tüte Sammelbilder, zehn Luftballons und drei Säckchen Murmeln.

b) Nicolas kauft für seinen Kindergeburtstag sieben Bogen mit Aufklebern und vier Überraschungstüten.

c) Finja möchte sich eine Tüte Wasserbomben, 20 Luftballons und 4 Säckchen Murmeln kaufen.

d) Sarah möchte…

1 Welche Figur ist es? Kreuze an.
Bei manchen Figuren musst du mehrere Kreuze machen.

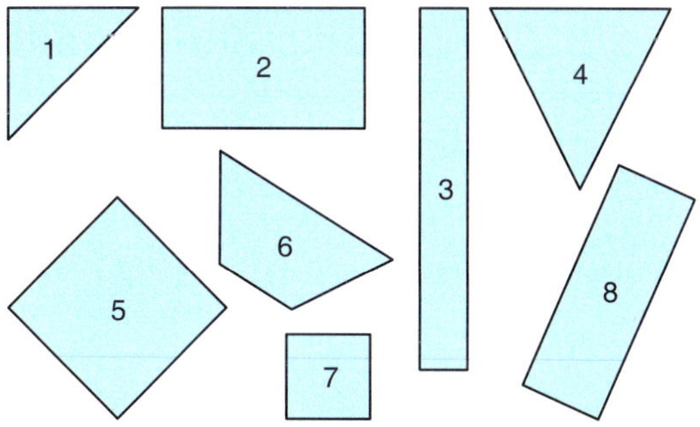

	1	2	3	4	5	6	7	8
Viereck								
Dreieck								
Rechteck								
Quadrat								

2 Welcher Körper ist es? Kreuze an.
Bei manchen Körpern musst du zwei Kreuze machen.

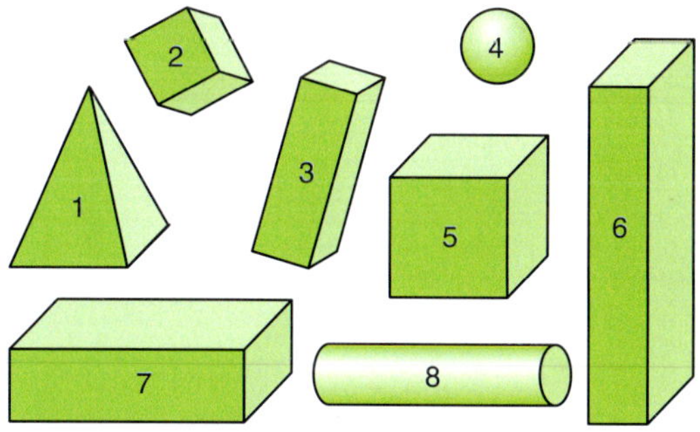

	1	2	3	4	5	6	7	8
Quader								
Würfel								
Kugel								
andere								

3 Aus kleinen Würfeln mit den Kantenlängen 1 cm soll ein großer Würfel mit der Kantenlänge 5 cm gebaut werden. Wie viele kleine Würfel brauchst du?

4 Wie schwer ist das?

a)

b)

c)

d)

e)

f)

5 1 kg = ___ g $\frac{1}{2}$ kg = ___ g

6 Gramm oder Kilogramm?

a)

18 ___

b)

$\frac{1}{2}$ ___

c)

10 ___

7 a) Ein Löwe im Zoo frisst am Tag 15 kg Fleisch. Wie viel frisst er in einer Woche?

b) Ein Gorilla im Zoo frisst am Tag 30 kg Fleisch. Wie viel frisst er in einer Woche?

8 a) Wie schwer ist der rote Sack?
Wie schwer ist der blaue Sack?

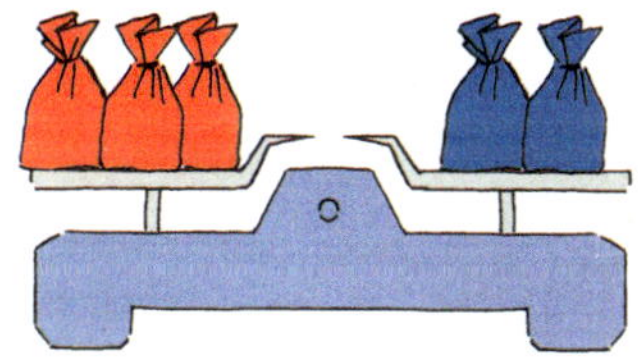

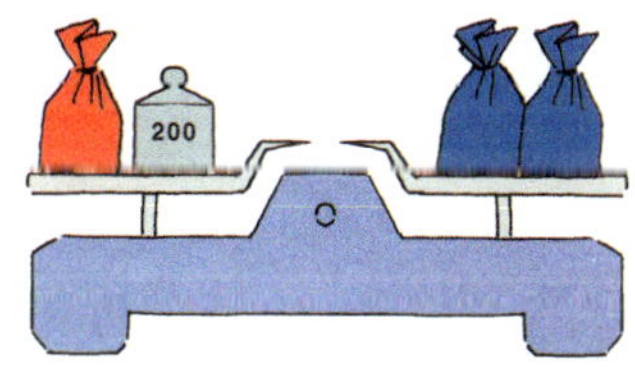

b) Wie schwer ist der gelbe Sack?
Wie schwer ist der grüne Sack?

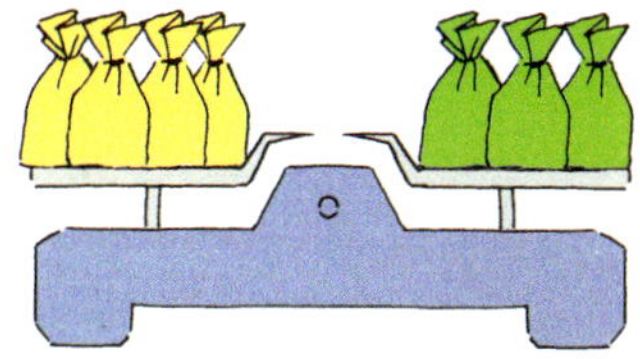

Größen und Messen

1

Der Blauwal ist das größte Säugetier. Er kann 30 m lang werden und bis zu 90 t wiegen. Er frisst besonders gerne winzige Krillkrebse.

Das Blauwalbaby kommt unter Wasser zur Welt. Bei der Geburt wiegt es bereits mehr als ein ausgewachsener Elefant.

1 km = 1000 m
1 m = 100 cm
1 cm = 10 mm

Ein Blauwal-Baby ist bei der Geburt bereits 7 ___ lang.

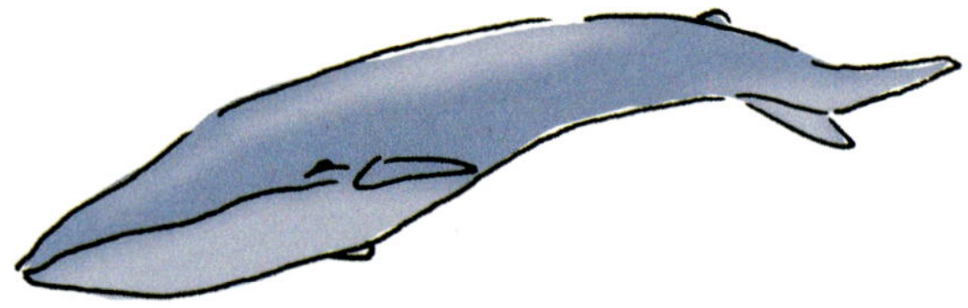

2 Setze ein: Kilometer (km), Meter (m), Zentimeter (cm) oder Millimeter (mm).

Die Zunge der Giraffe kann 45 ___ lang sein.

Gänse können bis zu 8 ___ hoch fliegen.

Der Tiger kann 300 ___ lang werden.

Der Schwanz des Eichhörnchens ist 20 ___ lang.

Die Stoßzähne eines Elefanten können 3,50 ___ lang werden.

Der Marienkäfer ist ungefähr 5 ___ lang.

Pottwale können bis zu 2 ___ tief tauchen.

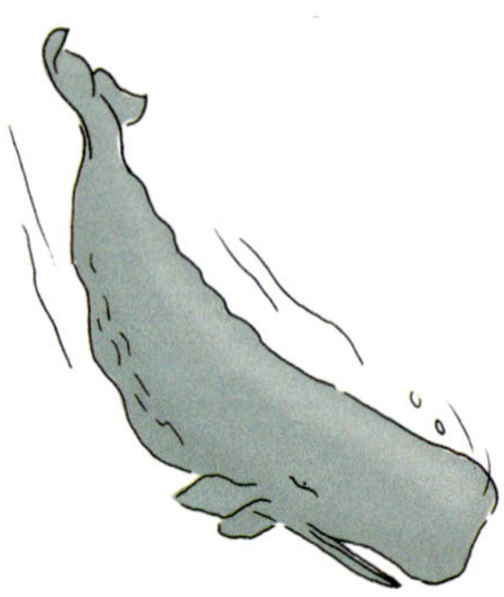

Die Zähne des weißen Hais sind etwa 70 ___ lang.

3 Lies nach im Lexikon oder im Internet.

a) Wie groß ist der Gorilla?
b) Wie lang ist eine Pythonschlange?
c) Wie lang ist der Floh?
d) Welche Flügelspannweite hat der Albatros?

1 Wie lang ist der Streifen? Luca meint: „Etwas länger als 6 cm."
Nina sagt es genauer: „6 Zentimeter und 3 Millimeter."
Luca antwortet: „Es sind genau 63 Millimeter."

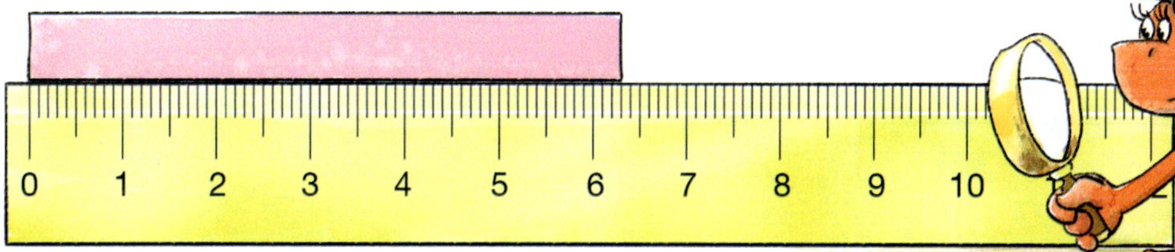

2 Hier sind Schmetterlinge in Originalgröße abgebildet. Hast du sie schon einmal gesehen?
Vergleiche ihre Größe, miss ihre Körperlänge und Spannweite. Schätze zuerst.

Kleiner Eisvogel

Tagpfauenauge

Bläuling

3 So groß sind Insekten:

Fliege 17 mm	Biene 16 mm	Mücke 11 mm	Libelle 66 mm
Wespe 22 mm	Hummel 23 mm	Hornisse 25 mm	

a) Zeichne die Körperlänge der Insekten mit dem Lineal als Strecke in dein Heft.
17 mm Fliege

b) Sind die Bienen auf dem Foto größer oder kleiner als in Wirklichkeit?

c) Schätze zuerst, dann lies im Lexikon oder im Internet nach. Wie groß ist ein Marienkäfer, ein Floh, eine Ameise, eine Blattlaus?

4 Zeichne: a = 8 cm   b = 12 cm   c = 19 cm   d = 22 cm

5 Zeichne mit dem Lineal die Strecken. Wie viel Millimeter sind es?
a = 6 cm 5 mm   b = 3 cm 3 mm   c = 7 cm 9 mm
d = 5 cm 7 mm   e = 1 cm 4 mm   f = 5 cm 5 mm

6 Wie viel Zentimeter und Millimeter sind es? Zeichne auch diese Strecken.
a = 77 mm   b = 46 mm   c = 90 mm   d = 105 mm   e = 114 mm

7 Ordne nach der Länge

a) 4 m   4 mm   40 cm   40 mm   44 cm

b) 9 cm   9 mm   90 m   90 cm   99 mm

Meter und Zentimeter

1 Die Kinder der Klasse 3c haben Fahrzeuge gebaut. Nun prüfen sie, wie weit ihre Fahrzeuge rollen.

Versuch 1	
Timo	2 m 13 cm
Julia	1 m 80 cm
Hannah	1 m 99 cm
Lena	2 m 48 cm
Nils	1 m 65 cm

Versuch 2	
Timo	3 m 5 cm
Julia	2 m 7 cm
Hannah	2 m 57 cm
Lena	3 m 50 cm
Nils	2 m 75 cm

a) Wer hat beim Versuch 1 gewonnen? Schreibe die Reihenfolge der Plätze auf.

b) Wie ist die Reihenfolge beim Versuch 2?

Versuch 1
1. Platz – Lena
2. Platz –

2 Wie viel Zentimeter sind die Fahrzeuge gerollt?

Timo: 2 m 13 cm = 213 cm

3 Schreibe alle Angaben in Zentimeter.

a) 5 m 50 cm, 4 m 27 cm b) 7 m 4 cm, 9 m 6 cm c) 10 m 50 cm, 10 m 25 cm d) 11 m 20 cm, 12 m 5 cm e) 10 m 10 cm, 10 m 1 cm

4 Gib die Längen in Meter und Zentimeter an.

a) 235 cm, 436 cm b) 320 cm, 780 cm c) 503 cm, 801 cm d) 60 cm, 75 cm e) 1000 cm, 1020 cm

5 a) $\frac{1}{2}$ km = ___ m b) $\frac{1}{2}$ m = ___ cm c) $\frac{1}{2}$ cm = ___ mm

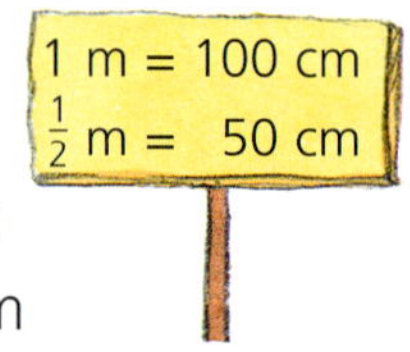

6 a) Schreibe in Zentimeter: $4\frac{1}{2}$ m $2\frac{1}{2}$ m $10\frac{1}{2}$ m $1\frac{1}{2}$ m

b) Schreibe in Millimeter: $4\frac{1}{2}$ cm $2\frac{1}{2}$ cm $10\frac{1}{2}$ cm $1\frac{1}{2}$ cm

7 Ordne nach der Länge

a) 7 m, 7 cm, 77 cm, 77 m, 770 m b) 8 m, 80 cm, 808 cm, 88 cm, 880 cm

c) 33 m, 3 m, 30 cm, 33 cm, 303 cm d) 10 m, 10 cm, 100 cm, 110 cm, 11 cm

8 Millimeter, Zentimeter, Meter oder Kilometer?

28 ___

12 ___

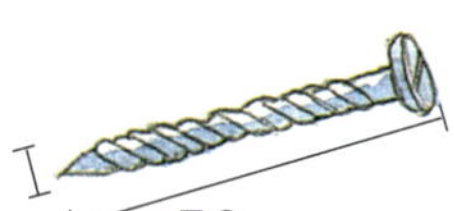

5 ___ 50 ___

4,80 ___

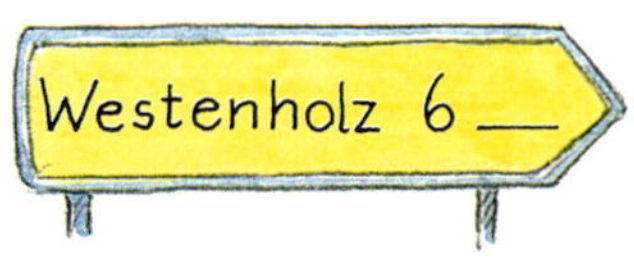

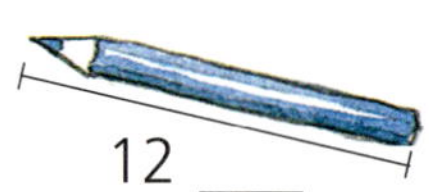

12 ___ 7 ___

___

1 Ninas Vater ist Lastwagenfahrer. Sein Lastwagen ist 3,31 m hoch.
Wo kann er hindurch fahren? Wo nicht?

a) 

b) 

m	10 cm	1 cm
3	4	0
3	3	0

2 Was bedeuten diese Verkehrsschilder? Wie viel Meter und Zentimeter sind es?
Trage in eine Stellentafel ein.

a) 

b) 

c) 

d) 

e) 

	m	cm	
a)	2	7	5

3 Trage die Längen in eine Stellentafel ein. Schreibe dann als Kommazahl.

a) 

b) 

c) 

d) 

4 Schreibe auf drei Weisen. a) 1 3 5 cm = 1 m 3 5 cm = 1, 3 5 m

a)	135 cm	1 m 35 cm	1,35 m
b)		2 m 15 cm	
c)			4,05 m
d)	200 cm		

e)	108 cm		
f)		3 m 40 cm	
g)			2,05 m
h)	95 cm		

5 Schreibe mit Komma.

a) 5 m 3 cm; 7 m 8 cm; 21 m 4 cm

b) 11 m; 12 m 30 cm; 13 m 5 cm

c) 15 m; 60 cm; 75 cm

d) 18 cm; 88 cm; 808 cm

e) $\frac{1}{2}$ m; $3\frac{1}{2}$ m; $7\frac{1}{2}$ m

6 Rechne. Die drei Ergebnisse ergeben zusammen immer 15 m.

a) 10,50 m – 5 m; 8,70 m – 3 m; 9,80 m – 6 m

b) 6,50 m – 3,40 m; 7,80 m – 4,50 m; 10,90 m – 2,30 m

c) 9 m – 4,80 m; 7 m – 3,90 m; 10 m – 2,30 m

d) 8,20 m – 4,50 m; 9,10 m – 3,60 m; 8,50 m – 2,70 m

7 Eine Skizze kann dir helfen.

a) Pia hat ein Spielzeugauto mit Anhänger. Das Auto und der Anhänger sind zusammen 33 cm lang. Der Anhänger ist doppelt so lang wie das Auto. Wie lang ist der Anhänger, wie lang ist das Auto?

b) Kai hat einen großen Transporter mit Anhänger. Der Transporter und der Anhänger sind zusammen 0,60 m lang. Der Transporter ist halb so lang wie der Anhänger. Wie lang ist der Transporter, wie lang der Anhänger?

Welche Fragen kannst du sofort beantworten? Bei welchen Fragen musst du rechnen? Welche Fragen kannst du nicht beantworten?

1 An welchem Datum ist Nina umgezogen?

2 In welchem Monat hat Nina Geburtstag? An welchem Tag?

3 Wie alt wurde Nina an ihrem Geburtstag?

4 Wie viele Tage wohnte Nina am Geburtstag schon in der Wohnung?

5 Ninas Vater hat im Sommer Geburtstag. In welchem Monat?

6 Vater sagt. „Ich bin 32 Jahre älter als du." Nina sagt: „Nein weniger." Wer hat Recht?

7 In welcher Straße wohnt Nina?

8 Anna wohnt zwei Straßen weiter als Nina. In welcher Straße wohnt sie?

9 Wie lang ist Ninas Zimmer? Und wie breit?

10 Wie lang ist Timos Zimmer? Und wie breit?

11 Wie viele Modellautos hat Timo? Wie viele Erik?

12 Wie viele Stofftiere hat Nina jetzt?

13 Wie viele Stofftiere hat Anna weniger als Nina?

14 Wann hat Ninas Bruder Geburtstag?

Nina zieht um

Nina weiß es noch ganz genau, denn es ist ja noch nicht so lange her. Es war genau eine Woche nach Neujahr und zwei Wochen vor ihrem Geburtstag. (An den Wochentag erinnert sie sich nicht mehr.)

Sie war noch acht Jahre alt und ihr Vater vierzig, als sie in ihre neue Wohnung zogen.
Den Namen der Straße fand sie sehr schön und die Hausnummer auch: Blumenstraße 248.
Ihr Vater fand das auch, denn in der Hausnummer ist sein Geburtstag versteckt.

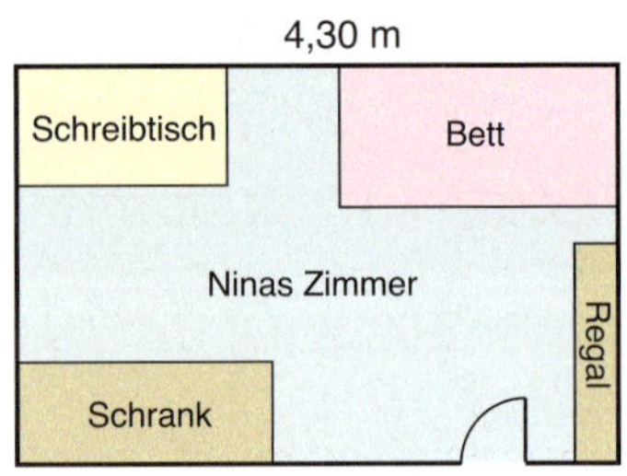

Nina und ihr Bruder Timo freuten sich auf ihre neuen Kinderzimmer. Sie hatten sie schon vorher ausgemessen. Ninas Zimmer war 75 cm schmaler, aber 50 cm länger als Timos. Sie konnten es gar nicht abwarten und wollten schnell ihre Zimmer einräumen.

Als erstes packte jeder seine Kisten aus. Timo sammelte Modellautos. Er ist stolz auf seine Sammlung, denn er hat 38 Stück. Sein Freund Erik hat noch fünf mehr.

Nina sammelt Stofftiere. Sie hatte damals schon 25 Stück. Heute hat sie noch sechs mehr. Ihre Freundin Anna hat erst 22.

Aus ihrem Fenster konnte Nina auf die Straße und den Garten gegenüber sehen. Als sie ankamen, ging sie gleich zum Fenster, schaute hinaus und ...

15 Was sah Nina, als sie aus dem Fenster schaute? Schreibe die Geschichte zu Ende.

1 Ninas Klasse führt im Februar eine Verkehrszählung durch. Sie zählen eine Woche lang, wie viele Kinder täglich mit dem Auto zur Schule gebracht werden. An welchem Tag kamen die meisten Kinder mit dem Auto zur Schule? An welchem Tag die wenigsten?

	Mo	Di	Mi	Do	Fr
7.30 – 8.15	63	5	10	48	36
8.15 – 9.00	27	46	12	6	26
Summe					

2 Die Kinder stellen die Summen aus der Tabelle in einem Balkendiagramm dar. Zeichne das Balkendiagramm in dein Heft. 1 mm bedeutet ein Auto.

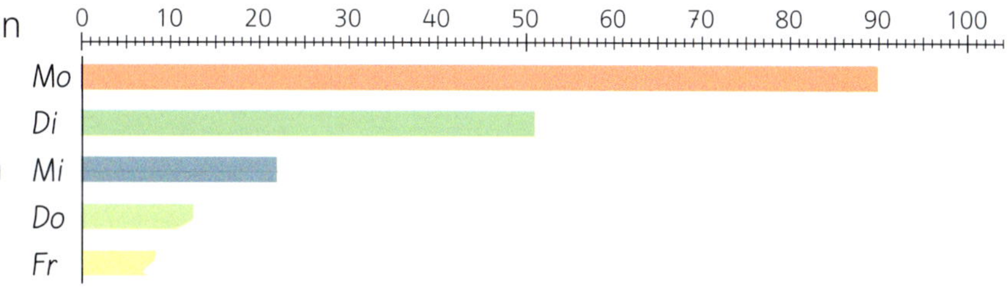

3 Welchen Wochentag meinen die Kinder? Die Tabelle von Aufgabe 1 oder das Balkendiagramm von Aufgabe 2 können dir helfen.

a)

b)

c)

4 Ninas Schule beteiligt sich am Projekt „Walking Bus". Die Kinder gehen mit vielen anderen Kindern zu Fuß zur Schule. Begleitet werden sie von Eltern. Nun wollen die Kinder wissen, ob wirklich weniger Kinder mit dem Auto zur Schule kommen. Sie führen zwei weitere Verkehrsauszählungen durch.

Verkehrszählung: 4.4. – 11.4.

	Mo	Di	Mi	Do	Fr
7.30 – 8.15	13	8	6	10	16
8.15 – 9.00	37	13	9	13	24
Summe					

Verkehrszählung: 2.5 – 9.5.

	Mo	Di	Mi	Do	Fr
7.30 – 8.15	20	8	5	10	12
8.15 – 9.00	20	10	6	14	24
Summe					

a) Wie viele Kinder wurden in der Woche vom 4. April bis zum 11. April mit dem Auto zur Schule gebracht? Berechne die Summen. Dann zeichne ein Balkendiagramm.

b) Wie viele Kinder kamen in der Woche vom 2. Mai bis zum 9. Mai mit dem Auto zur Schule? Berechne die Summen. Dann zeichne dazu ein Balkendiagramm.

5 Welcher Monat, welcher Wochentag ist wohl gemeint? Die Tabellen von Aufgabe 4 können dir helfen.

a)

b)

c)

d)

6 Vergleiche die Zahlen aus den Monaten Februar, April und Mai. Warum gibt es unterschiedliche Zahlen? Was vermutest du?

Balkendiagramme

1 In der Regenbogenschule gibt es drei Parallelklassen, die Klassen 3a, 3b und 3c.
Wie viele Kinder sind in jeder Klasse? 5 mm im Balkendiagramm bedeuten ein Kind.

2 In der Astrid-Lindgren-Schule gibt es vier Parallelklassen.

a) Die Klasse 3d hat die wenigsten Schüler, die Klasse 3a hat mehr Schüler als die Klasse 3c, die Klasse 3b hat die meisten Schüler.
Die Balkendiagramme sind durcheinander geraten. Ordne zu.

b) Wie viele Kinder sind in jeder Klasse? 5 mm im Balkendiagramm bedeuten ein Kind.

3 Hier sind die Diagramme und die Rechengeschichten durcheinander gepurzelt.

a) Welche Buchstaben gehören zusammen? Schreibe die beiden Buchstaben auf und gib die Antworten.

A

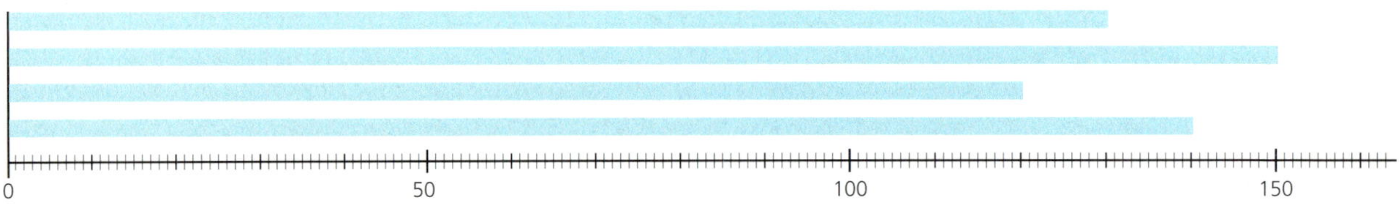

B

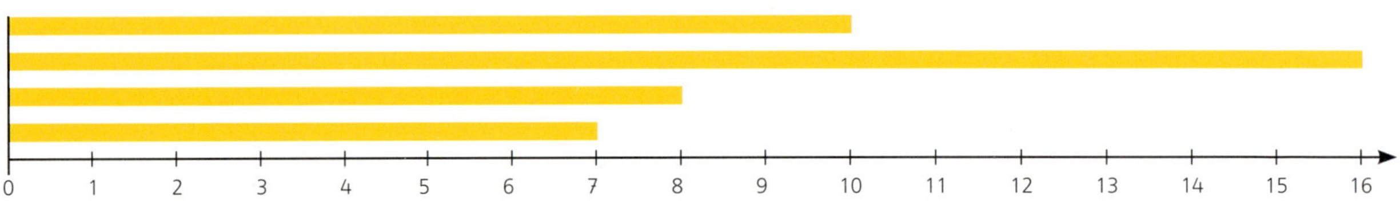

C

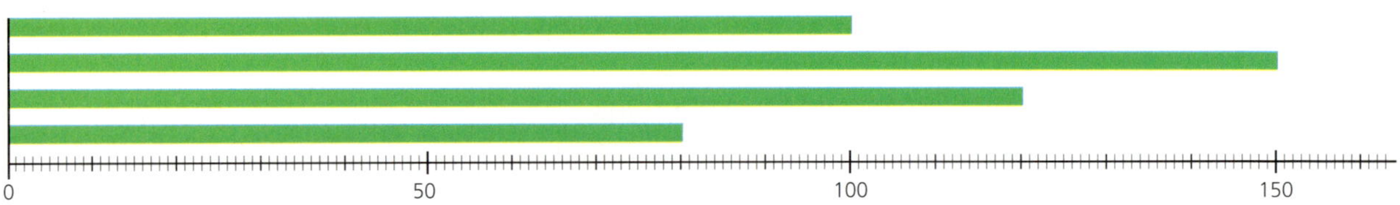

D

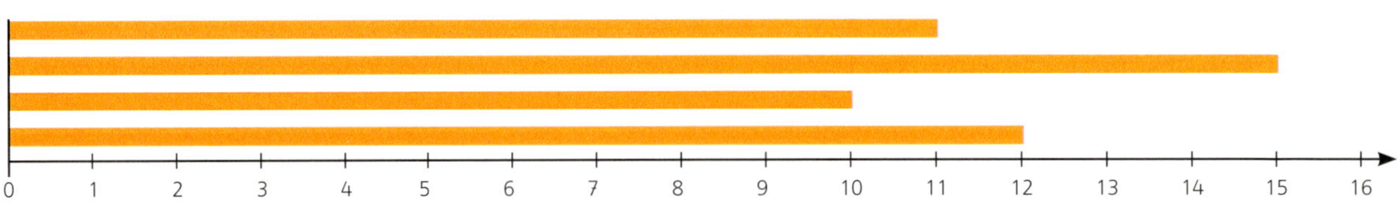

E Erik, Timo, Lukas und Ben schwimmen um die Wette. Herr Müller stoppt ihre Zeit. Timo ist mit 16 s der Langsamste. Ben braucht nur halb so viele Sekunden. Erik benötigt 2 s mehr als Ben. Welche Zeiten erreichen die Kinder?

F David, Jan, Lena und Laura messen ihre Größe. David ist nur 1,20 m groß. Jan ist nur 10 cm größer als David. Lena überragt sie alle mit ihren 150 cm. Laura liegt genau zwischen Lena und Jan. Wie groß sind die Kinder?

G Eva, Lisa, Kati und Erna laufen um die Wette. Die Lehrerin stoppt die Zeit. Lisa braucht 10 s. Eva ist nur 2 s langsamer als Lisa, landet aber schon auf dem dritten Platz. Erna ist die Langsamste. Welche Zeit laufen die Kinder?

b) Ein Balkendiagramm bleibt übrig. Schreibe dazu eine passende Rechengeschichte.

Kreisdiagramm

1 Sportfest in der Eichbergschule. Es gab Teilnehmerurkunden, Siegerurkunden und Ehrenurkunden. Die Kreisdiagramme zeigen, wie sie in den einzelnen Klassen verteilt wurden.

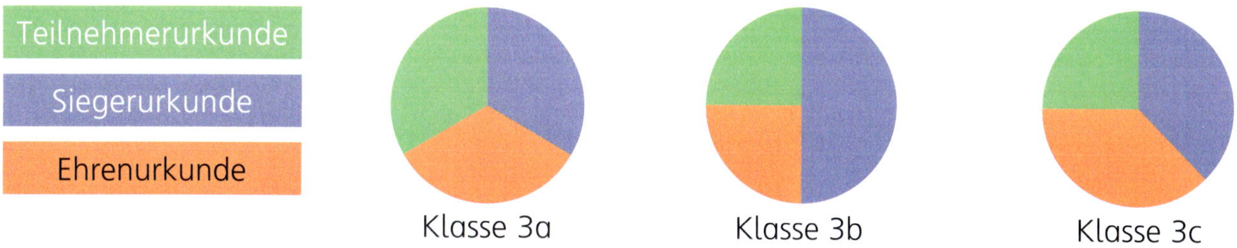

Für welche Klassen gilt das?

a) Die meisten Kinder erhielten eine Siegerurkunde.

b) Teilnehmerurkunden wurden am wenigsten verteilt.

c) Alle Urkunden wurden gleich oft verteilt.

2 a) In den Klassen sind unterschiedlich viele Kinder. Wie viele Kinder erhielten jeweils eine Teilnehmerurkunde? Wie viele eine Siegerurkunde? Wie viele eine Ehrenurkunde?

Klasse 3a: 27 Kinder Klasse 3b: 28 Kinder Klasse 3c: 24 Kindern

b) Mirko sagt: „In Klasse 3b wurden genau so viele Teilnehmerurkunden vergeben wie in Klasse 3c." Lilo meint: „Das stimmt nicht." Wer hat Recht?

3 a) Am Sportfest in der Eichbergschule haben 241 Schülerinnen und Schüler teilgenommen. Welche Urkunden wurden am meisten verteilt? Welche am wenigsten?

b) Tanja meint: „Die genaue Zahl lässt sich nicht ablesen. Da wäre ein Balkendiagramm besser." Was meint ihr?

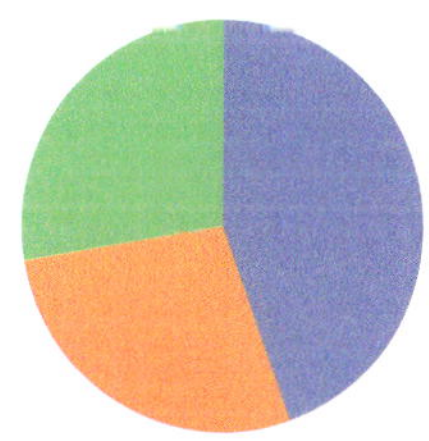

4 In der Südschule gibt es drei Parallelklassen. In jeder Klasse haben die Kinder eine Beschäftigung für den Nachmittag ausgewählt. Die Kreisdiagramme und die Beschreibungen sind durcheinander geraten.
Welches Kreisdiagramm passt zu welcher Klasse?

Klasse 3a
Basteln wollen genau so viele Kinder wie turnen. Auch Lesen und Musizieren ist gleich beliebt.

Klasse 3b
Turnen wollen weniger Kinder als basteln. Musizieren wollen halb so viele Kinder wie lesen.

Klasse 3c
Die meisten Kinder wollen turnen. Lesen wollen doppelt so viele Kinder wie musizieren.

5 In den vier Parallelklassen der Südschule sind jeweils 24 Kinder.
Wie viele Kinder wollen in den einzelnen Klassen turnen. Wie viele basteln?
Wie viele lesen? Wie viele musizieren?

Schriftliches Addieren

1

11 27 101 129 233 260 345 399 426 537 643

[ ] + [ ]

Schnell bin ich hier.	Hier helfe ich mir.
11 + 101 = 112	345 + 233 =
	426 + 537 =

2

3 Rechne auf deinem Weg.

a) 126 + 243 b) 321 + 458 c) 562 + 336 d) 423 + 164 e) 428 + 531
f) 253 + 414 g) 607 + 391 h) 75 + 323 i) 240 + 352 j) 156 + 603

1 So rechnet Artur 426 + 537.

Zuerst die Einer,

7 E + 6 E = 13 E
13 E = 1 Z + 3 E
Schreibe 3 E, übertrage 1 Z.

dann die Zehner,

4 Z + 2 Z = 6 Z
Schreibe 6 Z.

dann die Hunderter

5 H + 4 H = 9 H
Schreibe 9 H.

2 Zuerst die Einer, dann die Zehner, dann die Hunderter.

a) H Z E	b) H Z E	c) H Z E	d) H Z E	e) H Z E	f) H Z E
3 3 6	6 5 7	2 4 4	7 6 2	4 8 5	6 9 1
+ 4 1 7	+ 2 3 7	+ 2 3 8	+ 1 5 3	+ 3 8 4	+ 9 2

469 482 753 783 869 894 915

3 Stellengerecht schreiben: Einer unter Einer, Zehner unter Zehner, Hunderter unter Hunderter.

a)	b)	c)	d)	e)	f)
345	163	316	526	527	43
+ 249	+ 471	+ 208	+ 218	+ 69	+ 593

524 594 596 634 636 736 744

4 Schreibe stellengerecht untereinander, dann rechne.

a) 118 + 137 b) 372 + 83 c) 273 + 352 d) 91 + 381
e) 457 + 215 f) 237 + 415 g) 69 + 423 h) 571 + 94

255 272 455 472 492 625 652 672 665

5 a) Addiere 593 und 274. b) Addiere 264 und 83. c) Addiere 48 und 738.

6 a) Berechne das Doppelte von 484. b) Berechne das Doppelte von 236. c) Berechne das Doppelte von 371.

WN

7

a)	1	2	E	=	1	Z	+	2	E	=	1	2
	4	7	E	=	4	Z	+					

a) 12 E, 47 E, 54 E
b) 17 E, 63 E, 85 E
c) 51 Z, 37 Z, 29 Z
d) 13 Z, 44 Z, 62 Z

8 a) 3 Z + 12 E, 7 Z + 16 E
b) 5 Z + 13 E, 6 Z + 24 E
c) 2 Z + 36 E, 7 Z + 24 E
d) 8 Z + 15 E, 9 Z + 10 E

9 a) 7 H + 10 Z, 5 H + 19 Z
b) 2 H + 16 Z, 4 H + 12 Z
c) 3 H + 21 Z, 7 H + 28 Z
d) 2 H + 38 Z, 9 H + 10 Z

Weiter im schriftlichen Addieren

1 So rechnet Artur 487 + 265.

Zuerst die Einer,

5 E + 7 E = 12 E
12 E = 1 Z + 2 E
Schreibe 2 E, übertrage 1 Z

dann die Zehner,

7 Z + 8 Z = 15 Z
15 Z = 1 H + 5 Z
Schreibe 5 Z, übertrage 1 H.

dann die Hunderter

3 H + 4 H = 7 H

Schreibe 7 H.

2 Zuerst die Einer, dann die Zehner, dann die Hunderter. Denke an die Überträge.

a)	b)	c)	d)	e)	f)
H Z E	H Z E	H Z E	H Z E	H Z E	H Z E
3 6 4	5 8 9	6 7 3	7 4 4	1 6 5	6 7
+ 2 5 7	+ 2 5 2	+ 1 8 7	+ 7 9	+ 4 8 5	+ 6 8 6

621 650 741 753 823 841 860

3 Einer unter Einer, Zehner unter Zehner, Hunderter unter Hunderter.

a) 444 + 297 b) 558 + 281 c) 678 + 75 d) 273 + 668 e) 84 + 769 f) 478 + 383

741 753 769 839 853 861 941

4 Schreibe stellengerecht untereinander, dann rechne.

a) 382 + 57 b) 67 + 226 c) 85 + 585 d) 206 + 439 e) 382 + 54
f) 238 + 49 g) 78 + 444 h) 73 + 408 i) 283+ 407 j) 66 + 257

287 293 323 346 436 439 481 522 645 670 690

5 Besondere Ergebnisse.

a) 227 + 373 b) 346 + 454 c) 167 + 333 d) 436 + 264 e) 487 + 513

f) Schreibe eine Aufgabe zum schriftlichen Addieren. Das Ergebnis soll 900 sein.

6 Addieren von drei Zahlen.

Schreibe 3 E, übertrage 2 Z.

a) 359 + 106 + 328 b) 639 + 235 + 119 c) 406 + 129 + 375 d) 294 + 180 + 179

e) 421 + 389 + 17 f) 58 + 214 + 367 g) 747 + 26 + 167 h) 472 + 36 + 19

527 639 653 793 827 839 910 940 993

7 Schreibe stellengerecht untereinander, dann rechne.
Jedes Ergebnis hat die Quersumme 14.

a) 219 + 121 + 214 b) 113 + 267 + 381 c) 208 + 68 + 431 d) 309 + 109 + 19

1 Immer zwei Fehler-Aufgaben gehören in eine Schublade. Überprüfe und ordne zu. Dann rechne richtig.

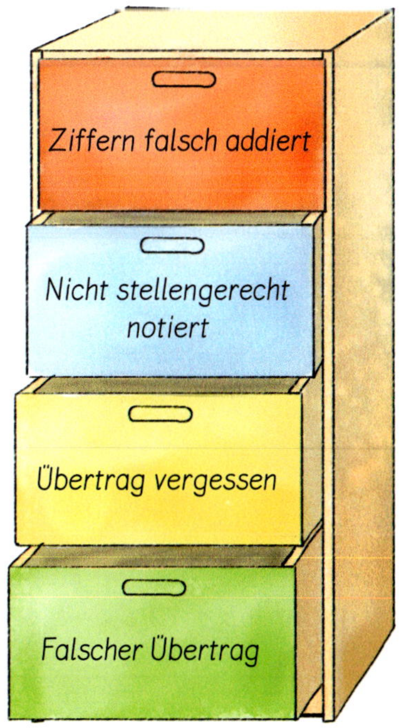


```
a)   2 4 7      b)   2 2 5      c)   3 1 6      d)   2 4 7
   + 3 3 1         + 1 0 6         +   4 5         + 3 1 7
   -------         -------         + 7 4 1         +   2 7
     6 7 8           3 2 1             1             1
                                   -------         -------
                                   1 0 0 2           5 8 1

e)   7 3 8      f)   2 3 0      g)   5 2 6      h)   2 3 5
   + 2 5           + 6 6           + 2 2 8         + 2 2 4
   -------         + 1 1 0             1             1
     9 8 8           1             -------         -------
                   -------           7 5 3           5 5 9
                   1 0 0 0
```

2 Vier Aufgaben sind falsch. In welche Schublade gehören sie? Rechne richtig.

```
a)   2 6 4    b)   3 8      c)   4 3 4    d)   3 6 6    e)   2 0 7    f)   1 7 4
   + 4 6 5       + 1 2 9       + 2 3 4       + 1 9 1       +   3 6       + 5 9 3
   -------         1           +   1 4       + 2 4 3       + 3 5 6       +   6 9
     6 2 9       -------             2         2 1             1           2 1
                   4 0 9       -------       -------       -------       -------
                                 6 9 2         8 0 0         5 9 9         8 2 5
```

3 Welche Ziffern fehlen, damit diese Rechnungen richtig werden? Achte auch auf Überträge.

```
a)   3 □ 5    b)   4 2 □    c)   4 3 □    d)   3 6 □    e)   □ □ □    f)   4 1 □
   + 2 1 □       + □ □ 5       + 2 □ 8       + 2 □ 5       + 1 1 7       + 5 □ 3
   -------       -------       -------       -------       -------       -------
     □ 6 9         7 7 8         □ 8 3         □ 3 9         3 5 1         □ 3 2

g)   3 0 □    h)   6 9 □    i)   3 □ 9    j)   6 0 □    k)   4 3 □    l)   □ □ □
   + 2 □ 4       + □ □ 2       + 5 7 □       + □ 1 4       + □ 7 6       + 1 5 7
   -------       -------       -------       -------       -------       -------
     □ 0 1         9 0 2         □ 6 3         9 □ 3         6 □ 5         3 5 5
```

4

```
a)   2 4 □    b)   □ 3 □    c)   4 6 □    d)   1 8 6    e)   □ □ □    f)   □ □ □
   + 3 1 0       + 4 0 7       + □ 4 3       + □ 8 □       + 2 0 2       + 2 2 2
   + □ 4 1       + 1 1 0       + 1 2 2       + 4 0 7       + 1 2 8       + 1 2 5
   -------       -------       -------       -------       -------       -------
     7 □ 7         6 □ 6         8 □ 8         9 □ 9         5 8 5         7 3 7
```

5 Gleicher Buchstabe, gleiche Ziffer.

```
     A A B         E F D         D B G
+    C A B     +   E F E           G G
   D D             D             D D
  -------        -------       -------
   D B B B         F C C         I B H
```

Im Kopf oder schriftlich?

1 Welche Aufgaben rechnest du im Kopf? Welche schriftlich?

2

a) 299 + 627
199 + 403
399 + 157
398 + 283

b) 699 + 137
499 + 258
599 + 217
298 + 645

c) 178 + 299
133 + 399
431 + 499
298 + 299

477 532 556 597 602 681 691
757 816 836 926 930 943

3

a) 409 + 331
407 + 553
405 + 265
506 + 144

b) 788 + 202
355 + 105
637 + 203
121 + 709

c) 432 + 308
291 + 609
536 + 304
671 + 309

460 650 670 740 740 830 840
840 900 940 960 980 990

4 Im Kopf oder schriftlich? Wie geht es schneller? Entscheide bei jeder Aufgabe neu.
Alle Ergebnisse haben die Quersumme 12.

a) 250 + 320
410 + 304
312 + 312
99 + 246

b) 80 + 580
61 + 221
200 + 415
178 + 455

c) 401 + 133
352 + 200
524 + 289
480 + 450

d) 300 + 140 + 400
107 + 403 + 204
150 + 202 + 200
246 + 417 + 258

5

a) 462 + 105
462 + 155
462 + 205

b) 500 + 240
512 + 248
524 + 256

c) 298 + 112
318 + 132
338 + 152

d) 300 + 152
325 + 157
350 + 162

e) Zu welcher Aufgabenfolge passt die Regel: Beide Zahlen immer 20 größer, das Ergebnis immer 40 größer?

f) Wie heißen die Regeln für die anderen Aufgabenfolgen?

5 Starke Aufgaben: Gesetzmäßigkeit erkennen und Aufgabenfolge fortsetzen.

1 Wie viel Euro kostet es zusammen? Schreibe wie Zahlix oder wie Zahline.

a)

€	Cent	
4	4	9
+ 0	9	4
1	1	
5	4	3

4,	4	9	€
+ 0,	9	4	€
1	1		
5,	4	3	€

b)

c)

d)

e)

2 Du hast einen Gutschein über 10 €. Was würdest du dafür gerne einkaufen?

3 Was könntest du einkaufen, um möglichst genau 10 € auszugeben?

4 Berechne erst die Summe, dann das Rückgeld.

a) Dario kauft:

Dario zahlt ____

Er erhält ____ zurück.

Er gibt  .

b) Tim kauft:

Er gibt  .

c) Marie kauft:

Sie gibt  .

d) Carolin kauft:

Sie gibt  .

e) Und Herr Lehmann? Er kauft:

Er gibt  .

Erst schätzen, dann rechnen

1

2 Rechnet in Kleingruppen. Ein Kind wählt die Aufgabe und rechnet wie Emil.
Die anderen Kinder schreiben einen Überschlag auf. Vergleicht die Überschläge.

a) 123 + 288   b) 449 + 207   c) 721 + 179   d) 438 + 407   e) 264 + 509

3 98   140   220   303   410   599   650   880

Wähle zwei Zahlen. Addiere sie.

a) Summe kleiner als 500.
Es gibt fünf Aufgaben.
238   318   360   401   443

b) Summe zwischen 800 und 1000.
Es gibt fünf Aufgaben.
819   870   902   953   978

c) Summe zwischen 600 und 800.
Es gibt sechs Aufgaben.
630   697   713   739   748   790

4 68   177   207   298   389   504   605   719

Wähle zwei Zahlen. Addiere sie.

a) Summe kleiner als 500.
Es gibt sechs Aufgaben.
245   275   366   384   457   475

b) Summe zwischen 800 und 1000.
Es gibt sieben Aufgaben..
802   812   893   896   903   926   994

5 Dieselbe Zahlenleine. Wähle drei Zahlen. Addiere sie.

a) Summe kleiner als 600.
452   543   573

b) Summe kleiner als 1000, Einerziffer Null.
850   870   880

1 2 3 5

Lege mit den Ziffernkarten die zweite Zahl.

a) Addiere.

b) Mit welcher Zahl erhältst du die kleinste Summe?

1. Zahl:		4	8	6
2. Zahl:	+	☐	☐	☐
Summe:				

2 1 2 3 4 6 7

Legt mit diesen sechs Ziffernkarten zwei dreistellige Zahlen. Addiert sie. Es gibt viele Aufgaben. Schreibt vier Aufgaben auf.

1. Zahl:		☐	☐	☐
2. Zahl:	+	☐	☐	☐
Summe:				

a) Summe unter 500 b) Summe zwischen 600 und 800 c) Summe über 1000

3 Nehmt die Ziffernkarten von Aufgabe 2.

a) Legt zwei dreistellige Zahlen und addiert sie. Die Summe soll möglichst klein sein.

b) Was fällt auf? Die beiden kleinsten Ziffernkarten liegen ___, die beiden größten liegen ___.

c) Die Summe soll auf Null enden. Welche Ziffernkarten müsst ihr nehmen?

4 Wählt selbst sechs Ziffernkarten, alle verschieden und keine Null. Rechnet wie in Aufgabe 3.

5 Lege mit Streichhölzern Ziffern wie auf dem Taschenrechner.

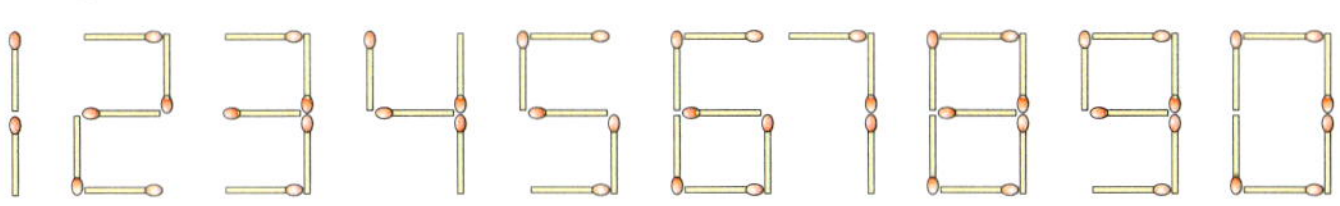

6 Lege die Zahl. Wie viele Hölzchen brauchst du dafür?

a) 12 b) 134 c) 598 d) 706 e) 919

7 a) Wie heißt die größte dreistellige Zahl? Wie viele Hölzchen brauchst du dafür?

b) Wie heißt die kleinste dreistellige Zahl? Wie viele Hölzchen brauchst du dafür?

8 Legt eine dreistellige Zahl und schreibt sie auf.

Dann spielt abwechselnd: Ein Hölzchen umlegen und dadurch eine neue Zahl bilden.

Schreibt die Zahlen immer auf. Wie lang wird die Zahlenkette?

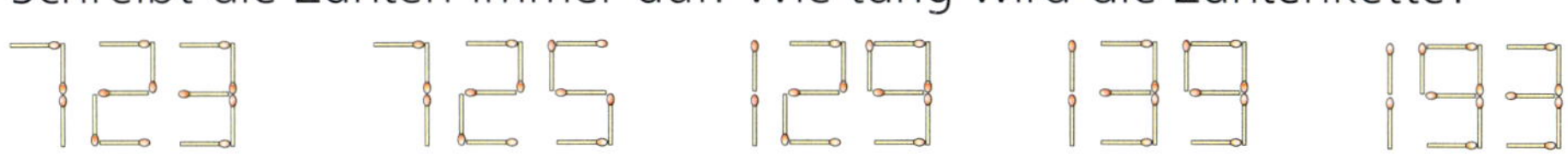

9 Lege in jeder Rechnung ein Streichholz so um, dass eine richtig gelöste Aufgabe entsteht.

a) 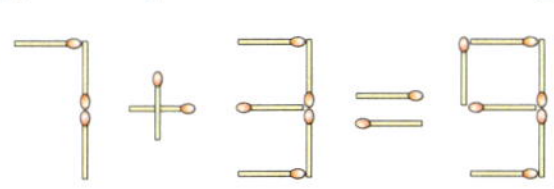

b) 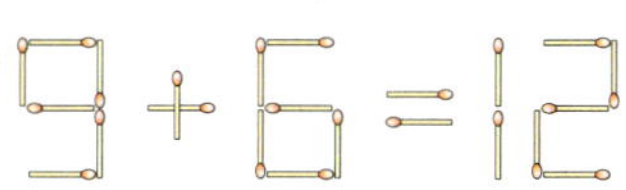

c) 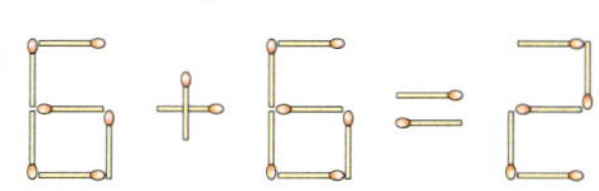

Muster und Symmetrien

1 Kannst du die Muster in dein Heft zeichnen?

a)

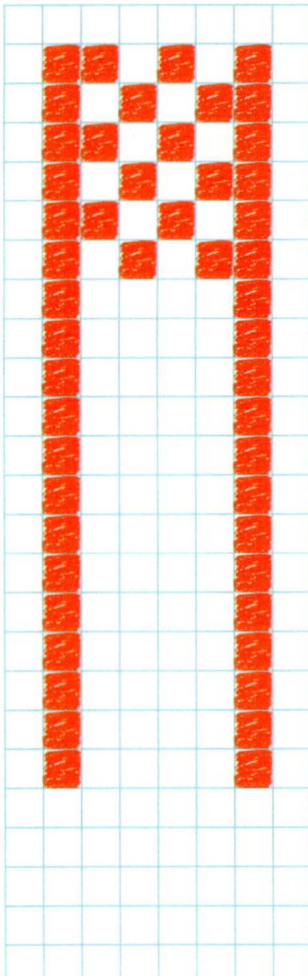

b)

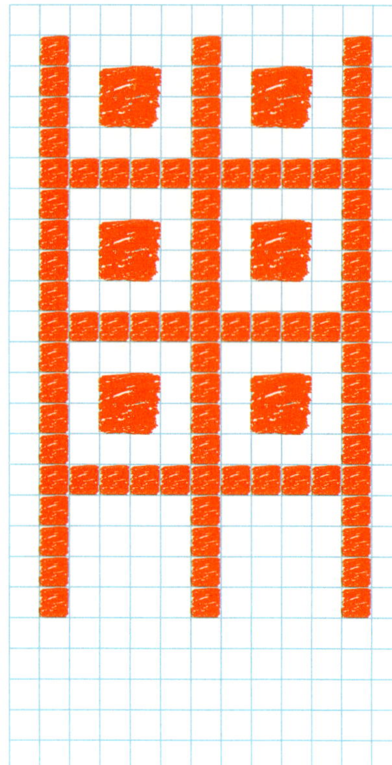

c)

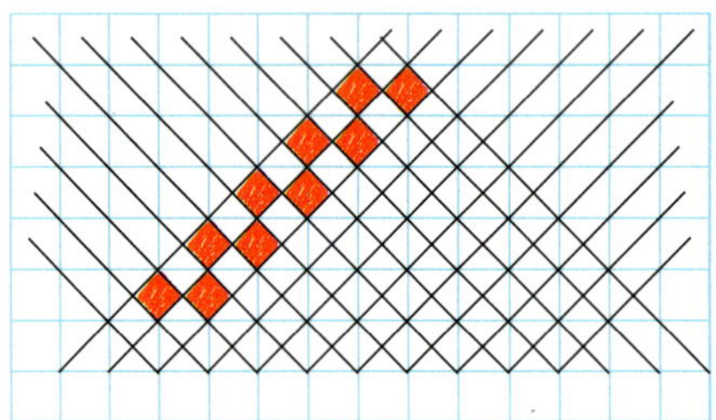

2 Zeichne die Muster in dein Heft.

a)

b)

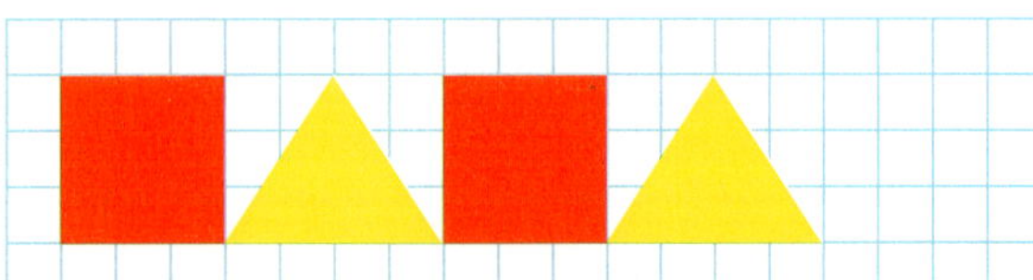

c)

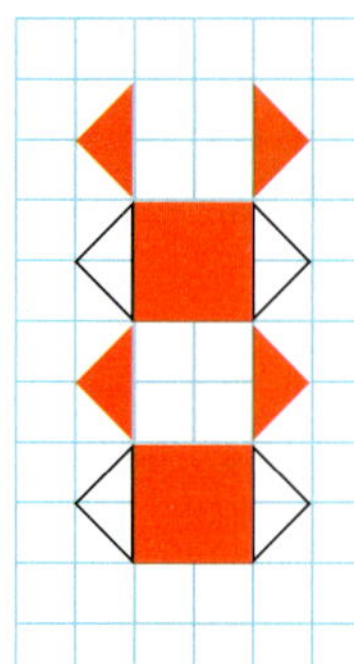

d)

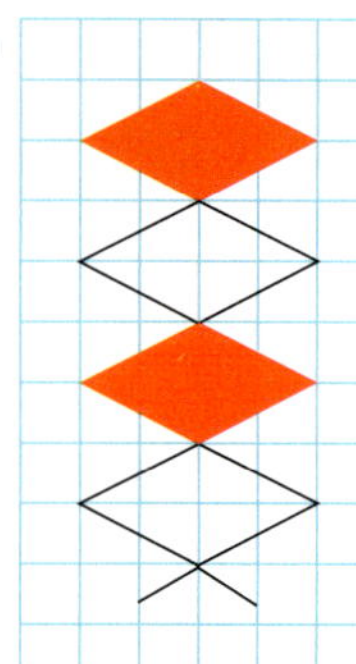

3 Zeichne die Muster in dein Heft und setze sie fort.

a)

b)

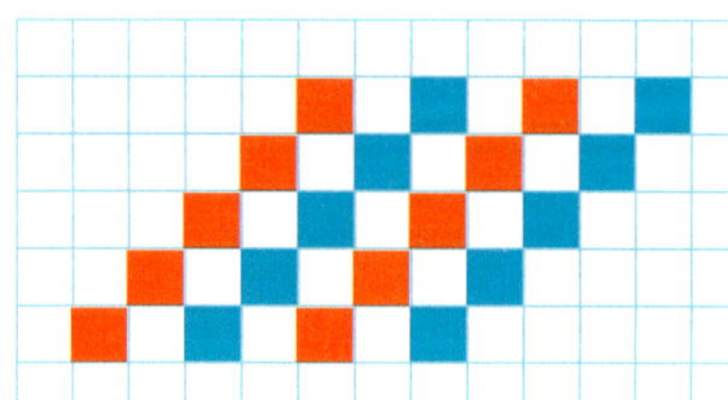

4 a) Hier stimmt etwas nicht. Finde die Fehler.
b) Zeichne das Muster richtig in dein Heft, alle Linien dabei doppelt so lang.

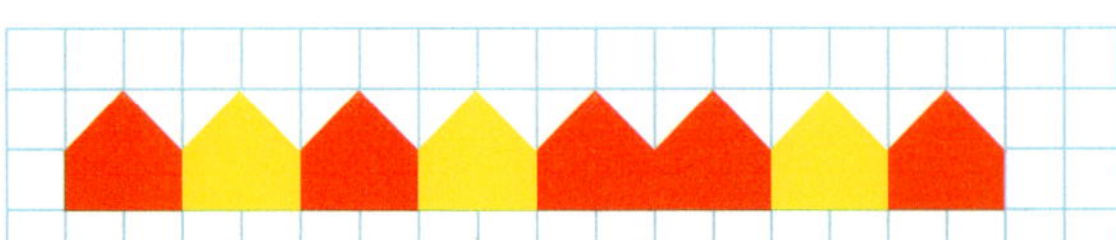

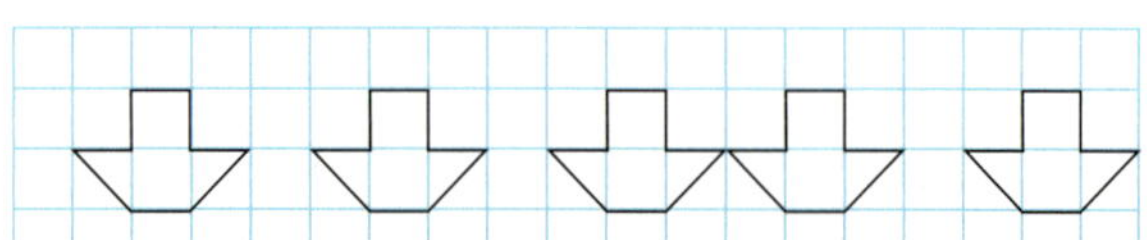

1 Welche Formen wurden beim Bau der Terrasse benutzt?

2 Legt das Terrassenmuster mit passenden Plättchen nach.

3 Lege mit vier roten und vier gelben Dreiecken diese Quadrate.

a) 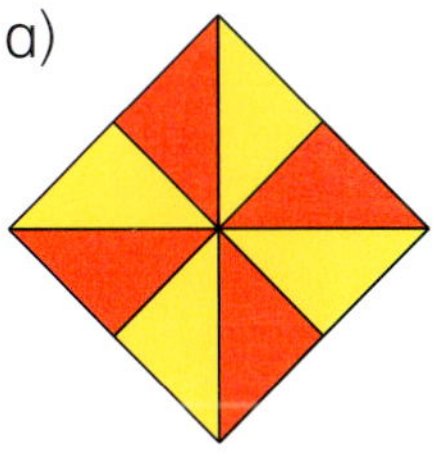
b) 
c) 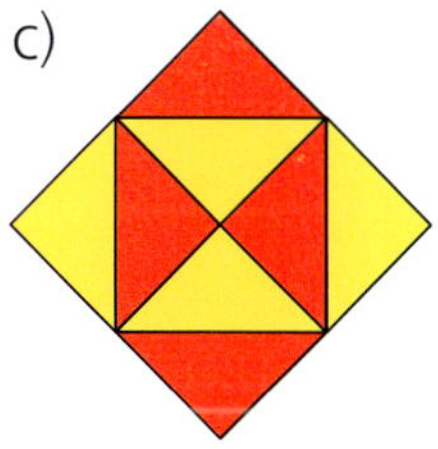
d) 
e) 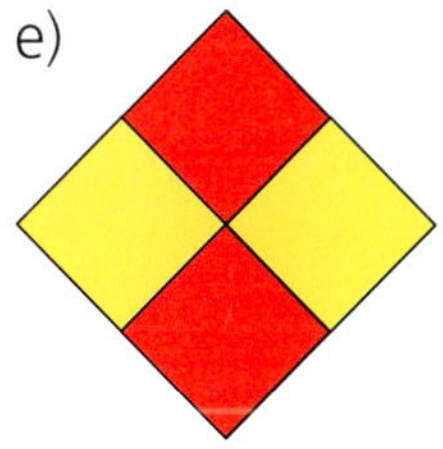

4 Lege mit vier roten und vier gelben Dreiecken diese Dreiecke.

a) 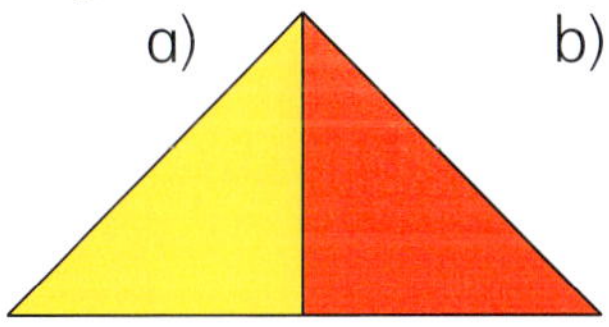
b) 
c) 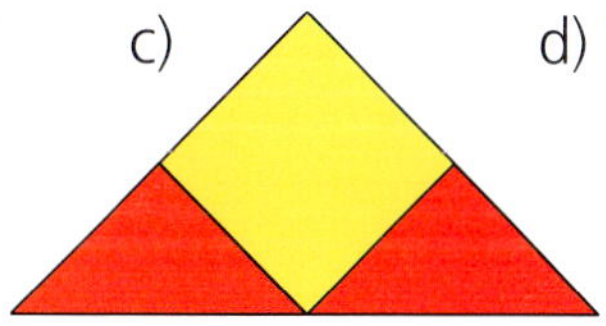
d) 

5 Lege mit vier roten und vier gelben Dreiecken diese Rechtecke.

a) 
b) 
c) 
d) 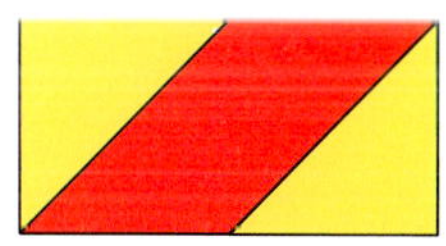

6 Legt die Muster nach links und rechts weiter.

a) 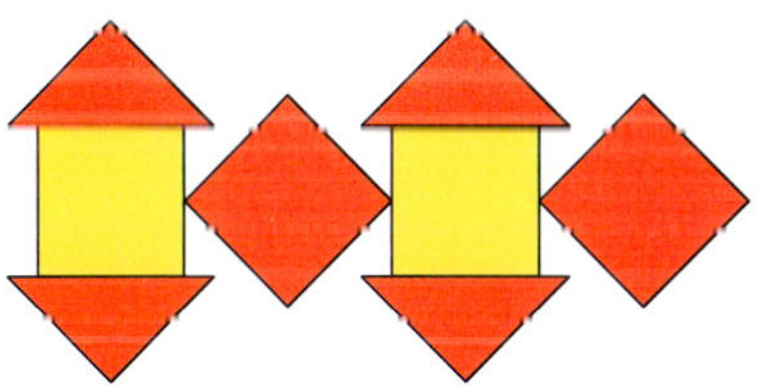
b) 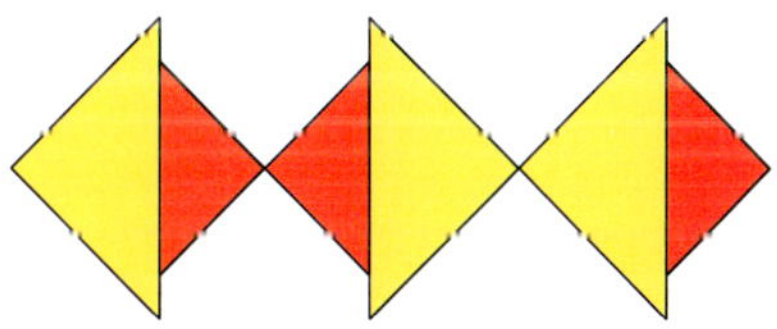
c) 

7 Legt die Muster nach links, rechts, oben und unten weiter.

a) 
b) 
c) 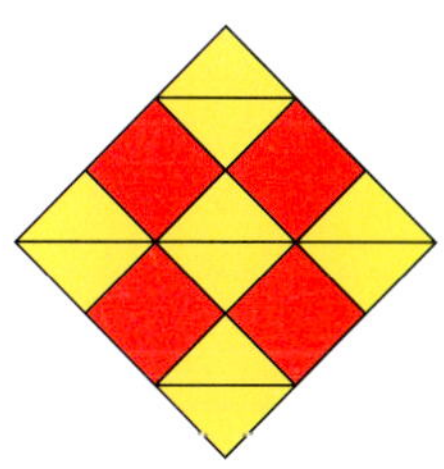

Achsensymmetrie

1

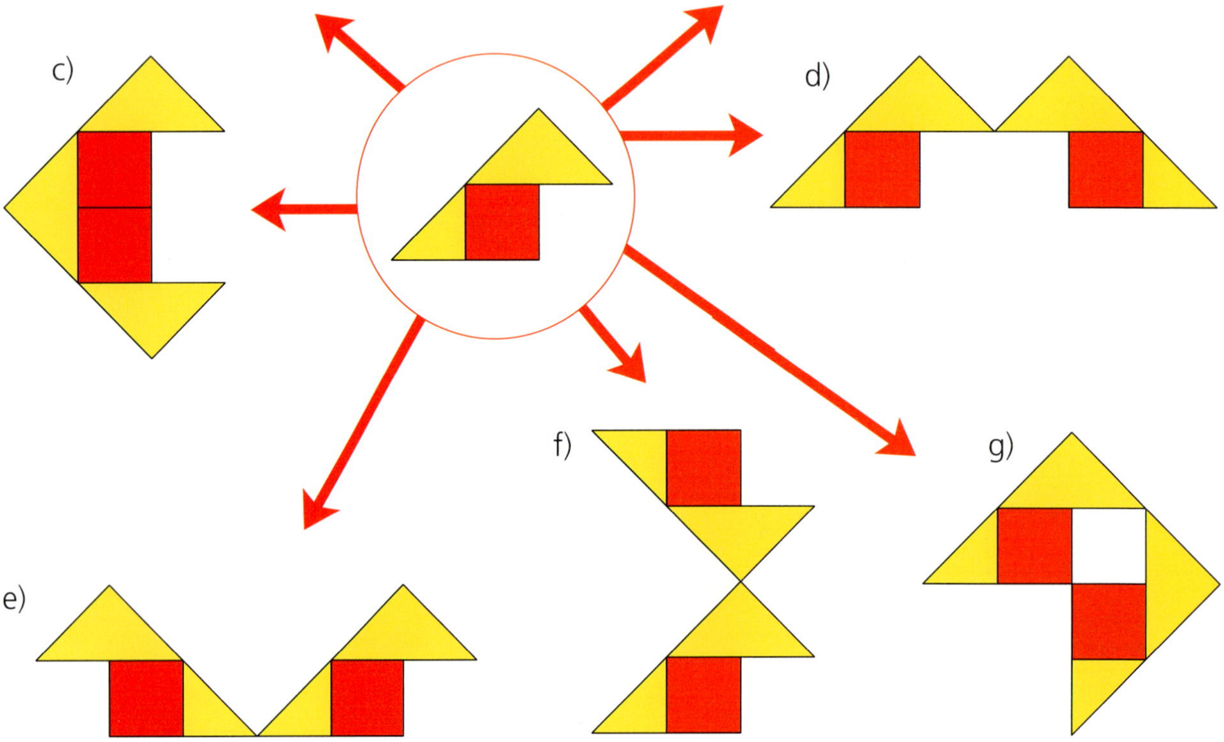

2

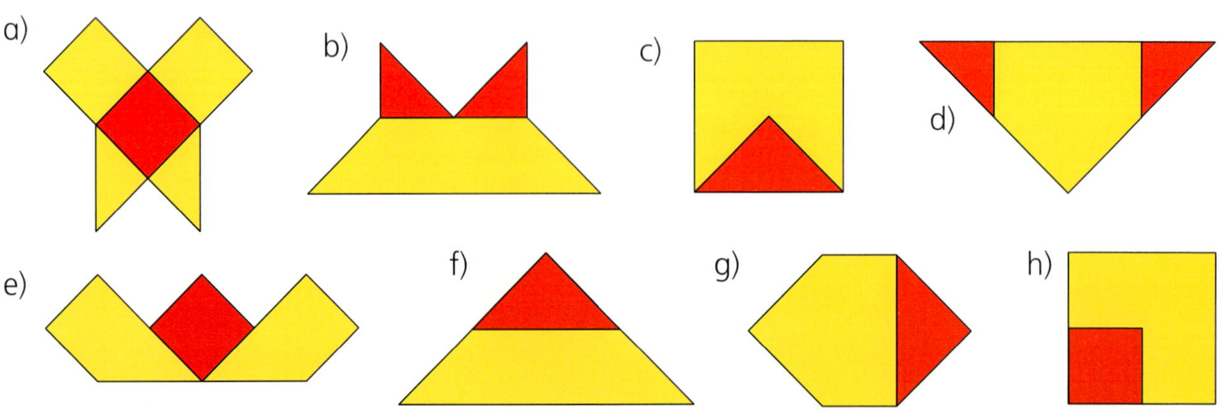

1

Teilnehmer: Zwei Kinder

Material: Spielfeld, geometrische Plättchen

Spielidee:
Lege eine Figur auf das Spielfeld.
Dein Partner legt die Spiegelfigur.
Achtet dabei auf
- die Farben
- die Form der Plättchen
- den Abstand zur Symmetrieachse.

Überprüft mit dem Spiegel, dann wechselt euch ab.

2 Zahlix findet Fehler. Immer zwei Figuren gehören in eine Schublade.
Entscheide, in welche. Schreibe: a) blau
Lege die Figuren dann richtig nach.

a) 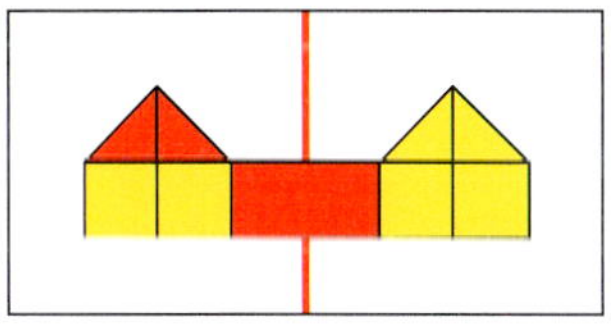

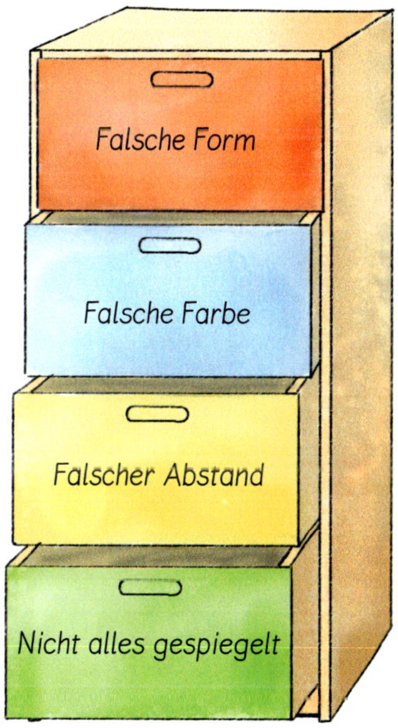

b) 

c) 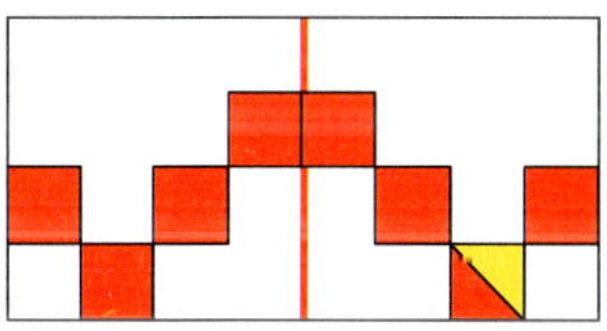

d) 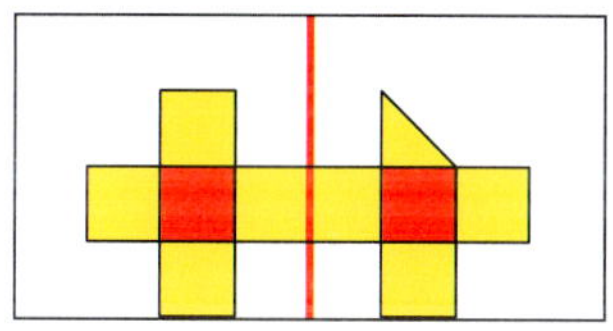

e) 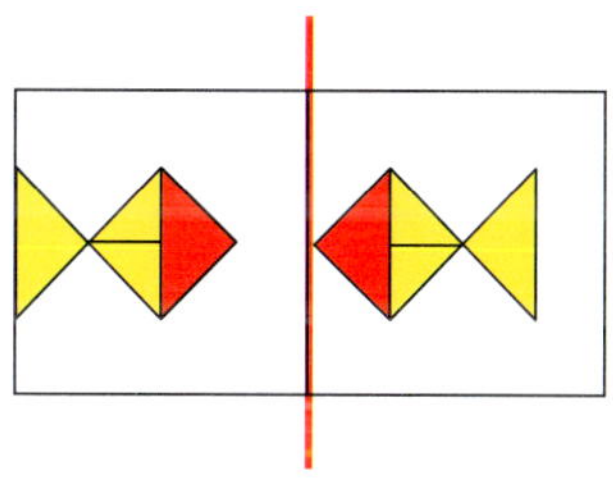

f) 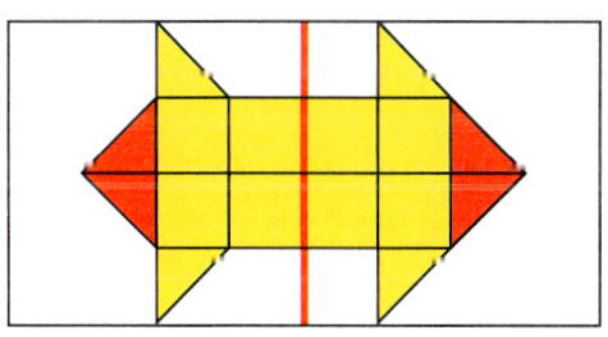

g) 

h) 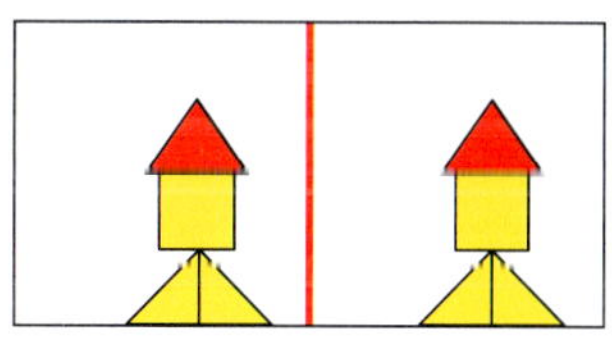

3 Welche Figuren haben keine Symmetrieachse?

①

②

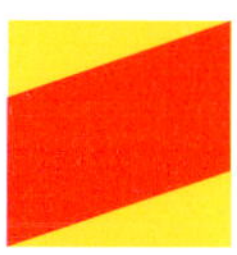
③

④

⑤

⑥

Zeichnen achsensymmetrischer Figuren

1 Zeichne die Figur in dein Heft. Die Figur hat eine Symmetrieachse.
Zeichne sie ein. Überprüfe mit dem Spiegel.

a)
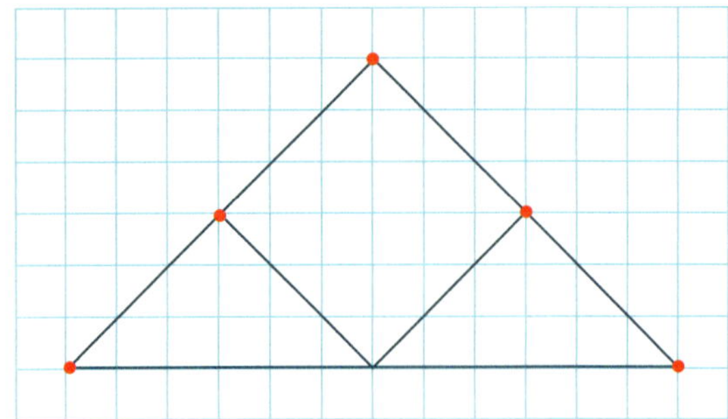

b)
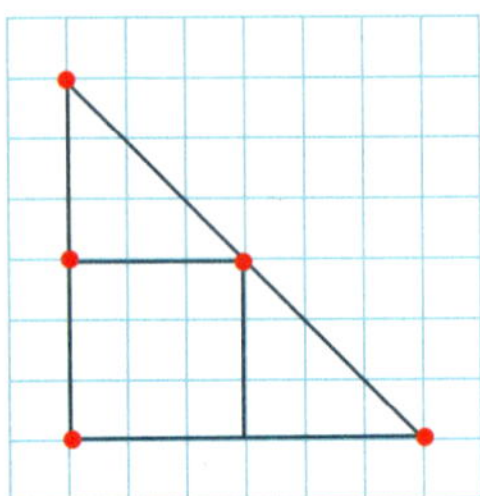

c)
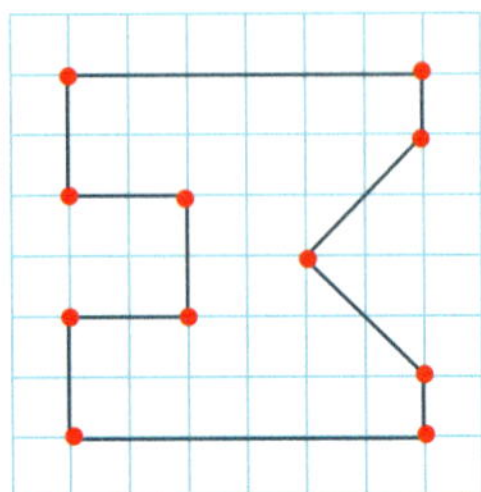

d)
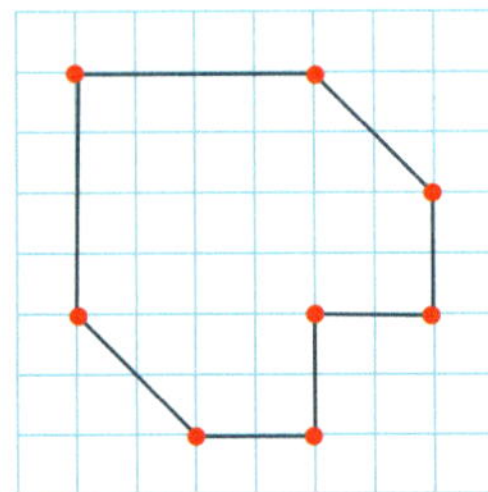

e)
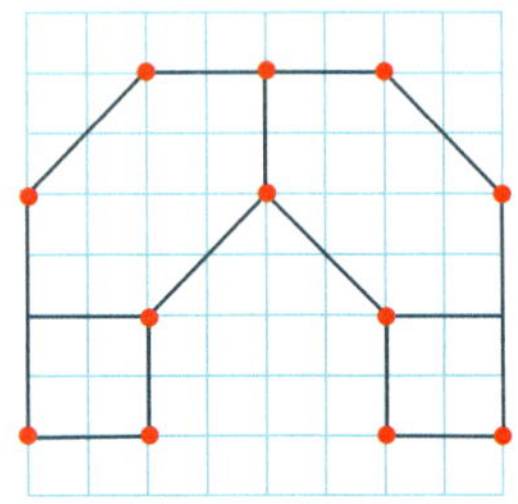

2 Zeichne die Figur und die Symmetrieachse in dein Heft. Dann ergänze die Figur.

a)
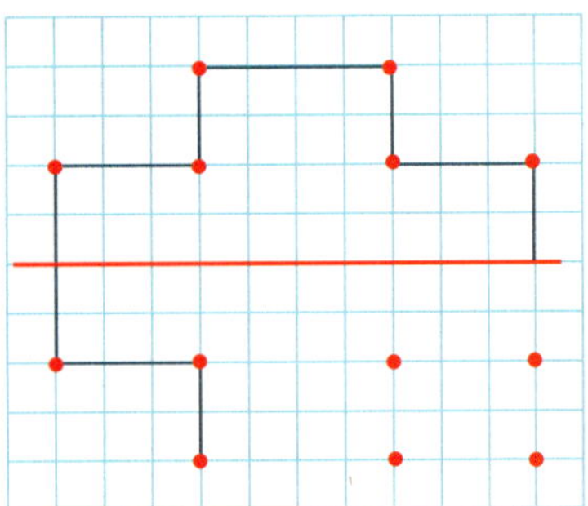

b)
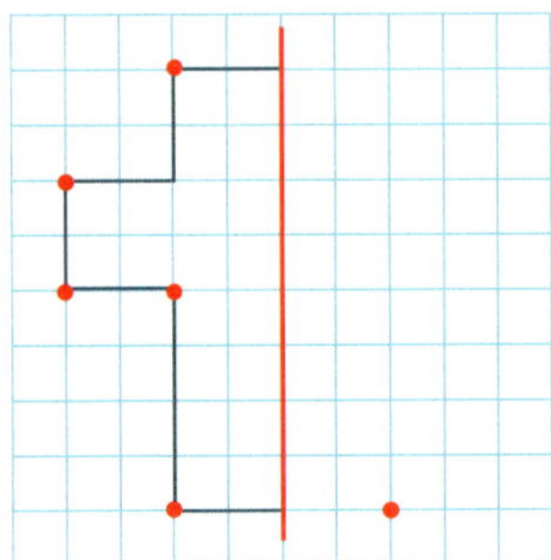

c)
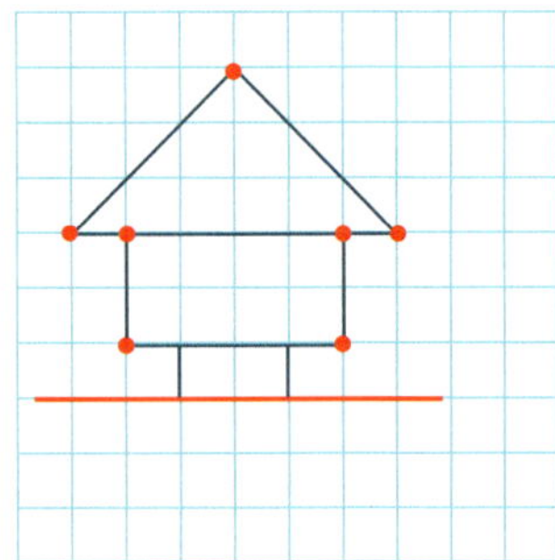

3 Zeichne die Figur und die Symmetrieachse in dein Heft. Dann ergänze die Figur.

a)
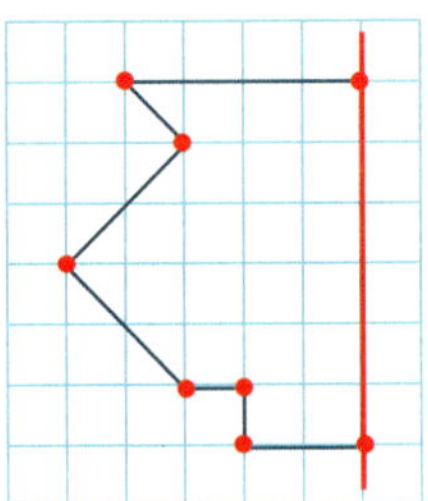

b)
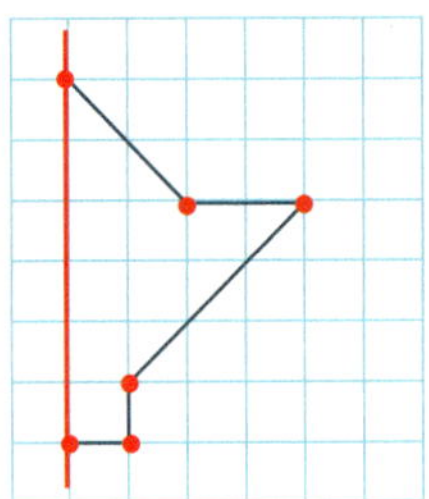

c)
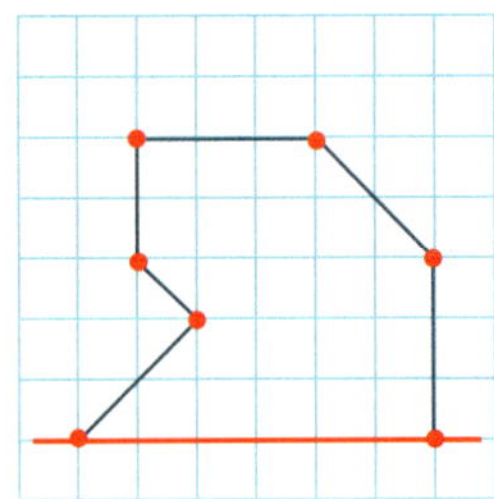

d)
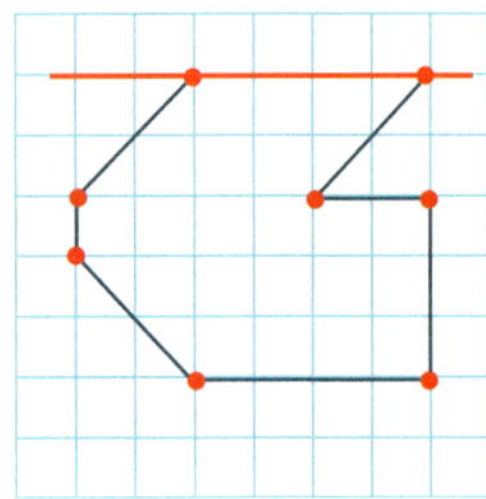

W

4

a)	b)	c)	d)	e)	f)
7 · 50	8 · 30	4 · 80	3 · 90	5 · 60	9 · 30
3 · 60	4 · 20	5 · 70	6 · 80	3 · 40	9 · 40
5 · 80	9 · 70	7 · 80	2 · 70	7 · 90	9 · 50
6 · 40	7 · 50	3 · 40	7 · 60	8 · 80	9 · 60

5

a)	b)	c)	d)	e)
200 : 40	480 : 60	160 : 80	560 : 70	280 : 40
210 : 70	630 : 90	160 : 40	280 : 70	120 : 30
400 : 50	630 : 70	300 : 60	300 : 50	120 : 60
320 : 80	320 : 40	300 : 30	150 : 50	160 : 80

1 Hier gibt es mehrere Symmetrieachsen. Zeichne die Figur in dein Heft.
Zeichne auch die Symmetrieachsen ein. Überprüfe mit dem Spiegel.

a)
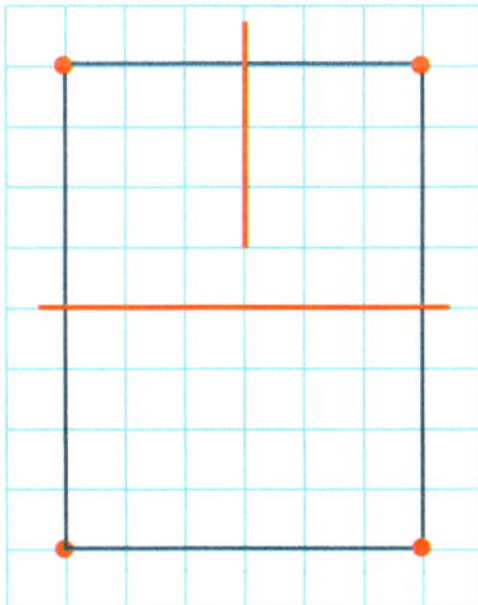

b)
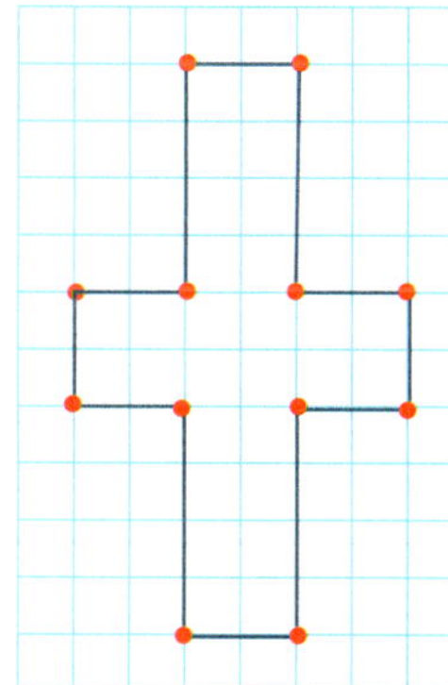

c)
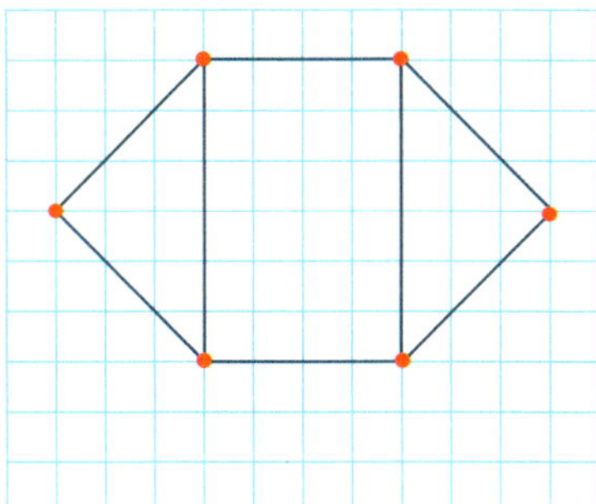

d)
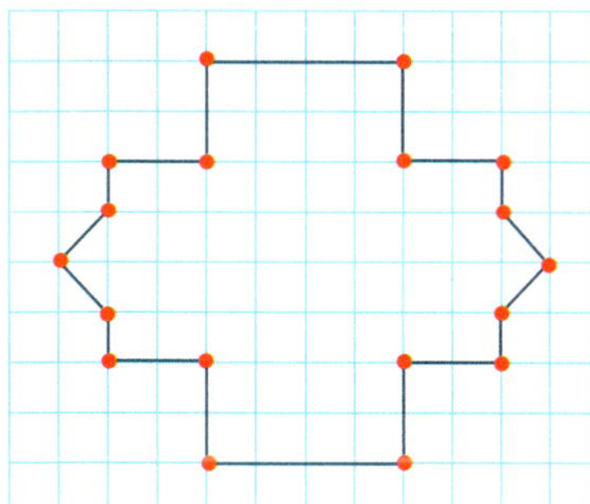

e)
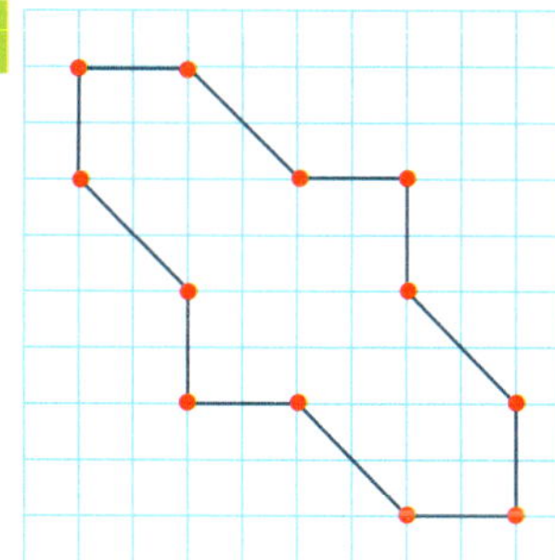

2 Zeichne die Figur und die beiden Symmetrieachsen in dein Heft.
Dann ergänze die Figur. Was entsteht?

a)
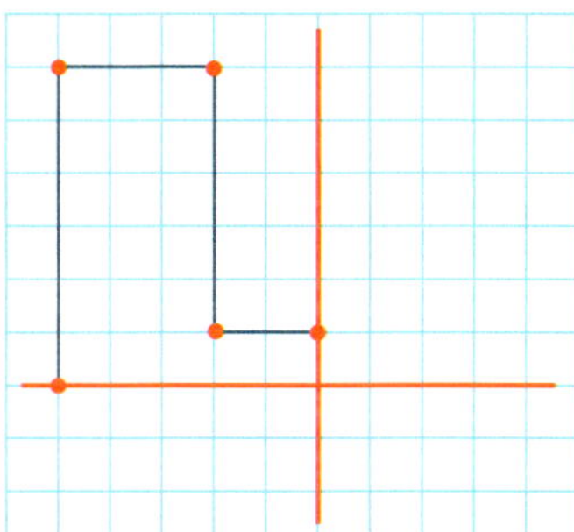

b)
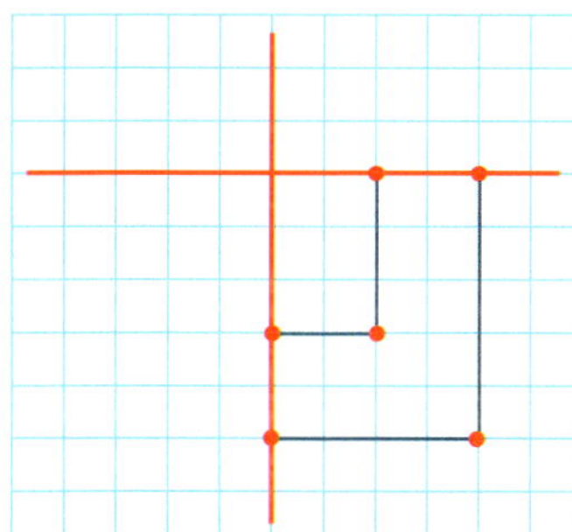

c)
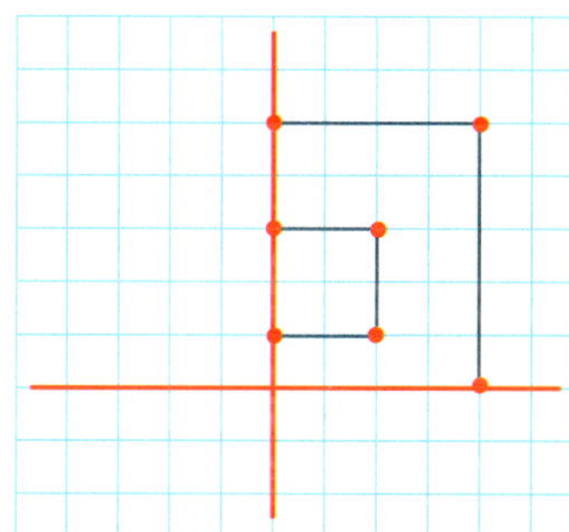

d)
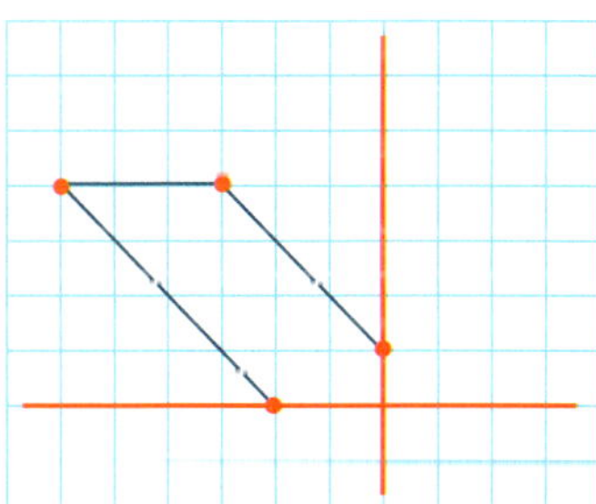

e)
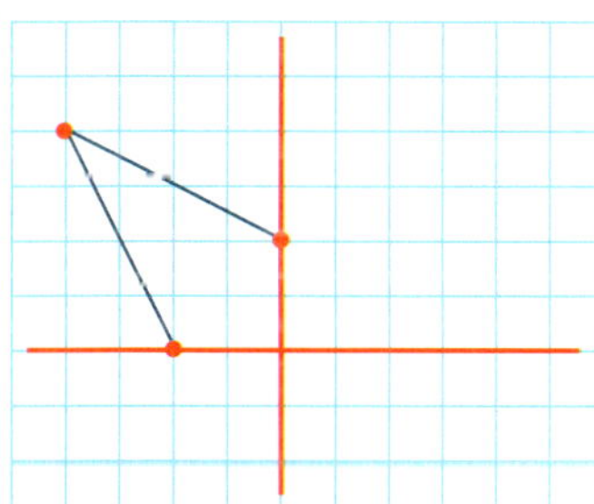

f)
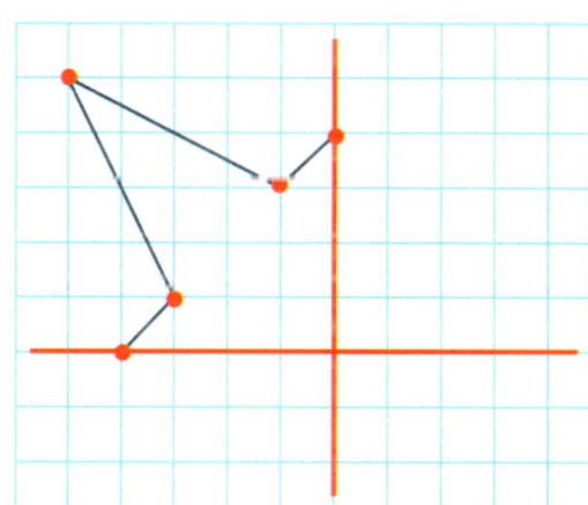

WN

	a)	b)	c)	d)	e)	f)
4	4 · 12	8 · 11	2 · 25	2 · 14	3 · 15	5 · 13
	7 · 12	3 · 11	4 · 25	4 · 14	6 · 15	5 · 17
	9 · 12	5 · 11	8 · 25	8 · 14	9 · 15	5 · 19
	5 · 12	7 · 11	5 · 25	5 · 14	5 · 15	5 · 18
5	5 · 27	6 · 45	7 · 28	4 · 42	5 · 55	6 · 36
	4 · 33	3 · 53	8 · 17	9 · 21	8 · 24	7 · 48

Spiegeln am Geobrett

1 Zwei Geobretter, eine Symmetrieachse. Spanne die Figur auf einem Geobrett.
Dein Partner spannt das Spiegelbild auf dem zweiten Geobrett.
Kontrolliert mit dem Spiegel.

a)
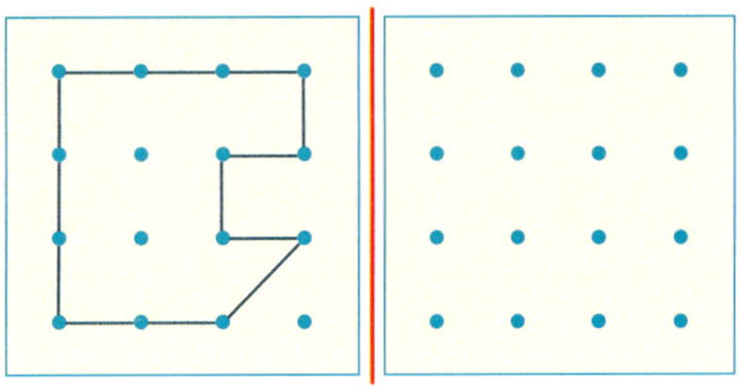

b)
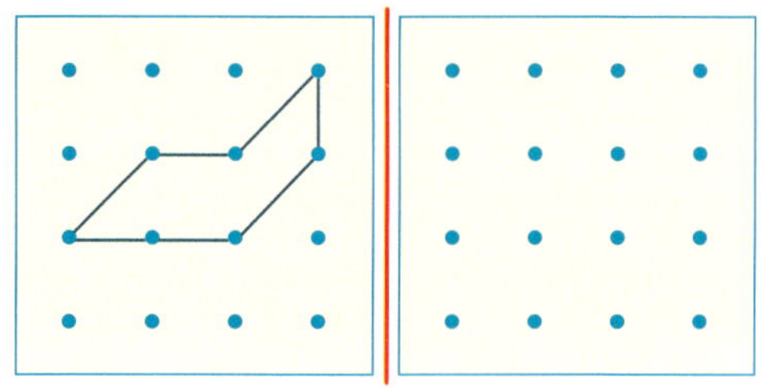

c)
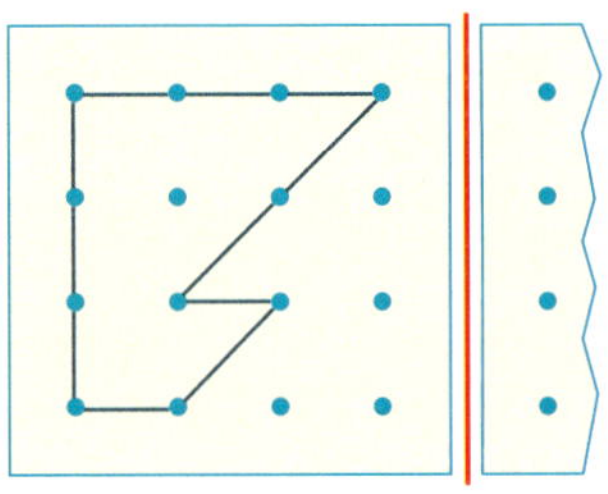

d)
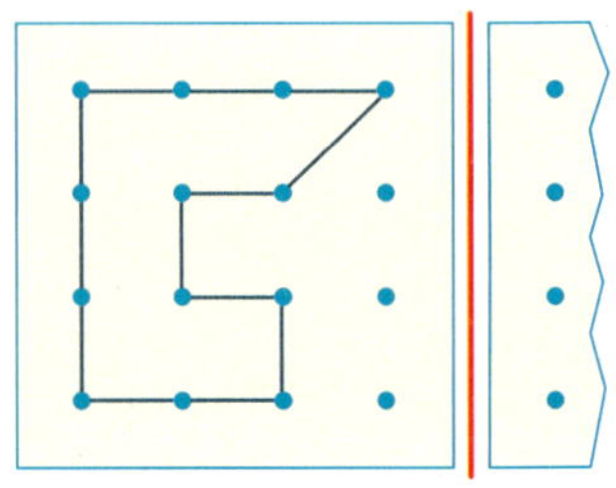

e)
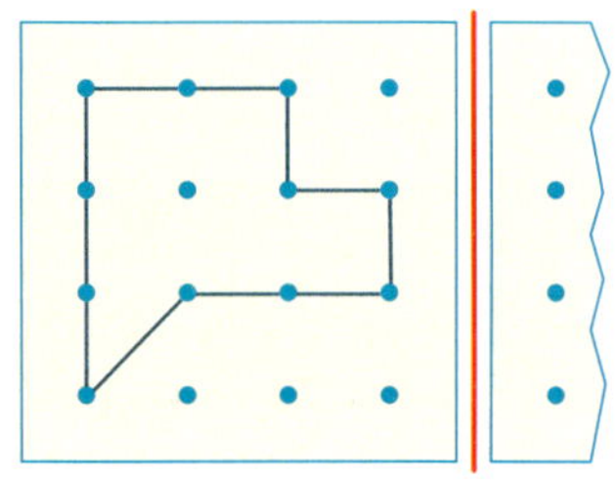

2 Vier Geobretter, zwei Symmetrieachsen, vier Figuren. Spannt die Figur auf einem Geobrett.
Dann spannt alle Spiegelbilder. Kontrolliert mit dem Spiegel.

a)
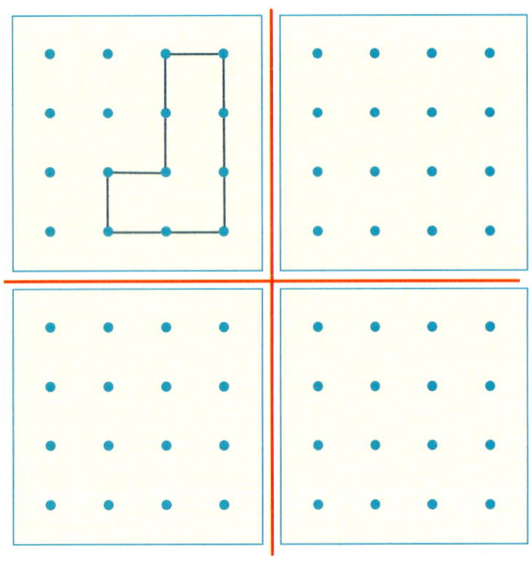

b)
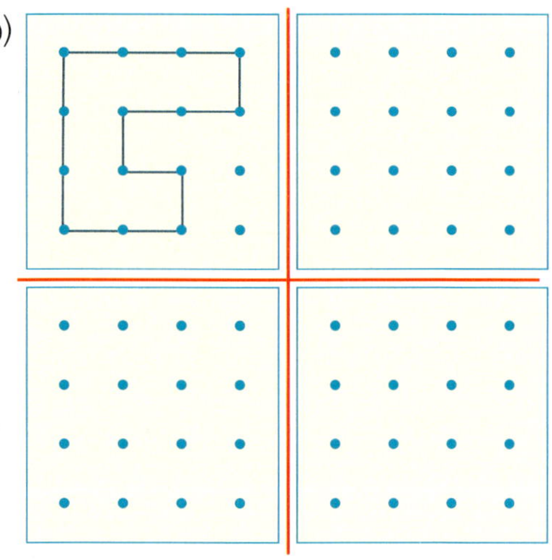

c)
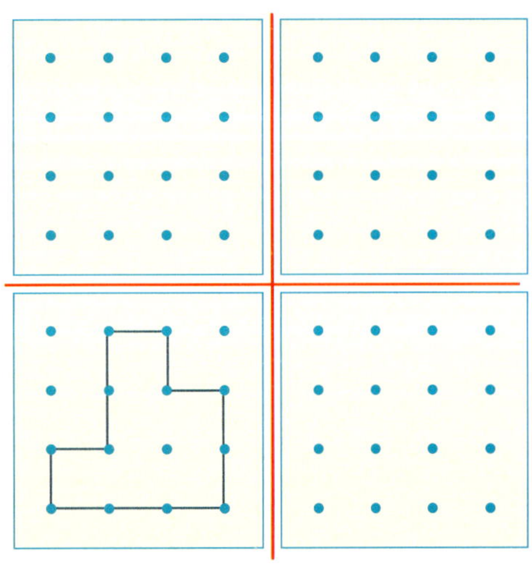

d)
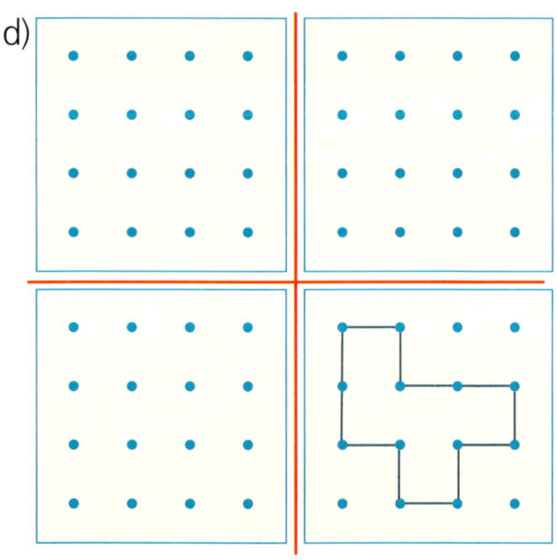

3 Arbeitet zu viert. Einer spannt eine Figur auf dem Geobrett.
Die anderen spannen die drei Spiegelbilder wie in Aufgabe 2.

1 a) Spanne die Figuren nach.
Lege sie mit kleinen Maßquadraten aus.
Wie viele Maßquadrate sind es?
b) Welche Figuren sind gleich groß?

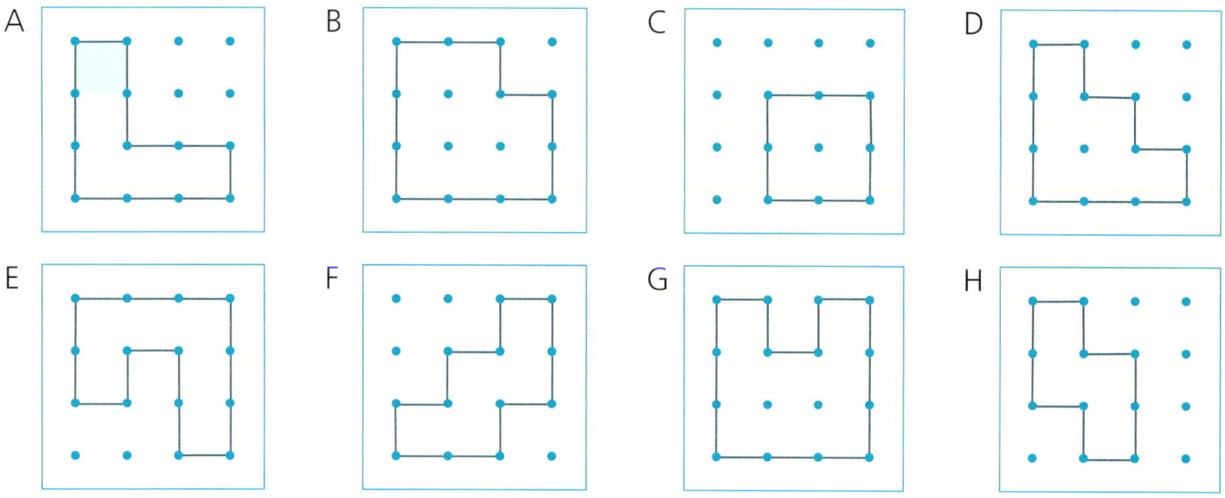

2 Spanne und zeichne eigene Figuren, die 4, 6, 8 Maßquadrate groß sind.

3 Welche Figuren sind gleich groß?

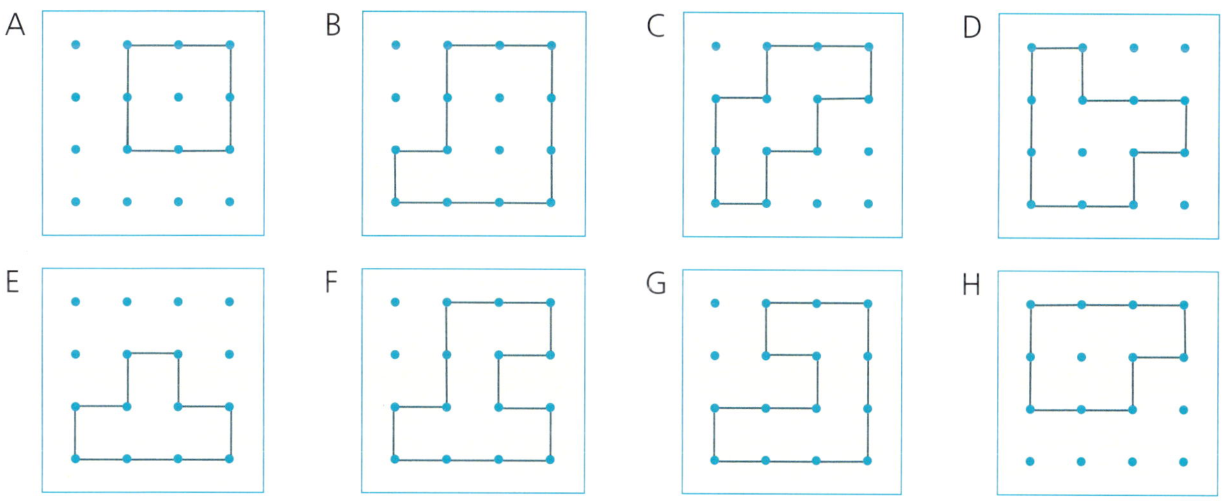

4 Welche Figuren sind gleich groß?

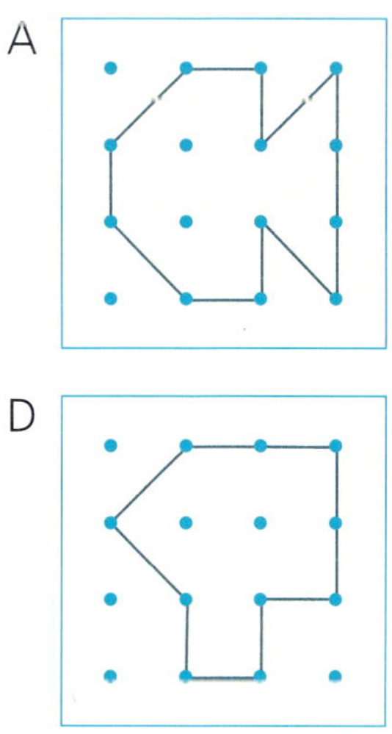

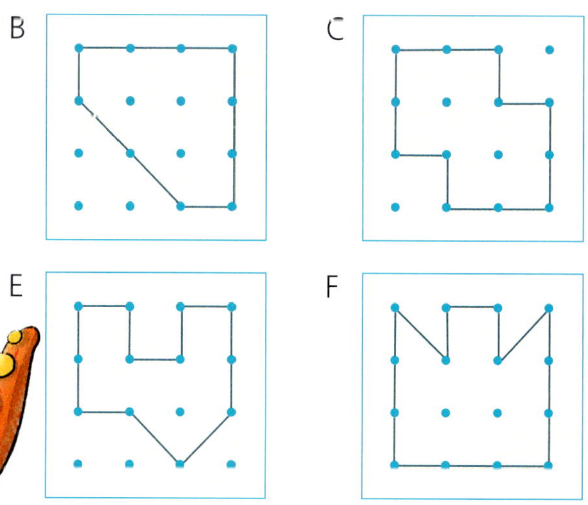

Vierlinge

1

Lege immer vier Quadrate zu einem Vierling zusammen. Nachbar-Quadrate liegen mit einer Seite aneinander, nicht nur mit einer Spitze.

2 a) Zeichne und schneide die Vierlinge aus. Welche passen aufeinander?

b) Wie viele verschiedene Vierlinge findest du?

3 a) Neun Vierlinge, immer drei Vierlinge sind gleich. Welche sind es?

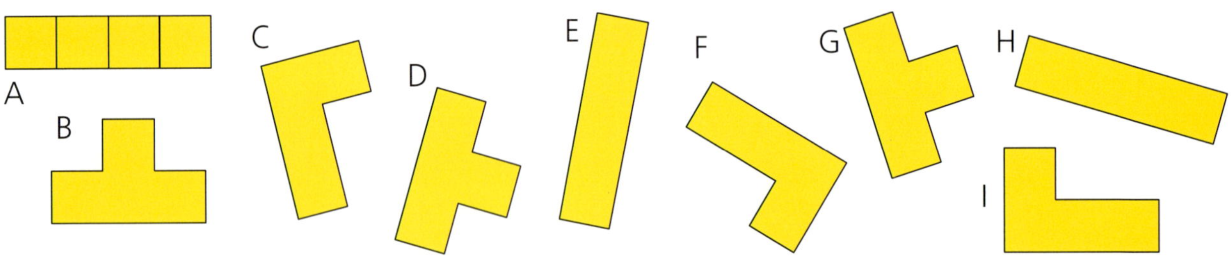

4 Welcher Vierling passt?

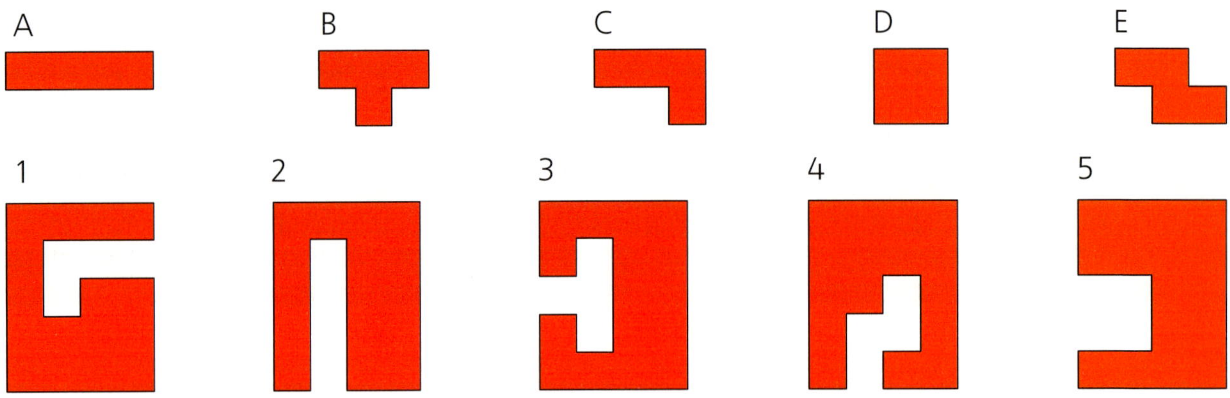

5 Lege das Rechteck ganz mit Vierlingen aus.
Es gibt verschiedene Möglichkeiten.

a) 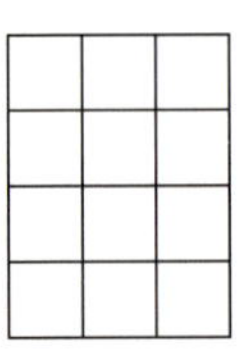

b) 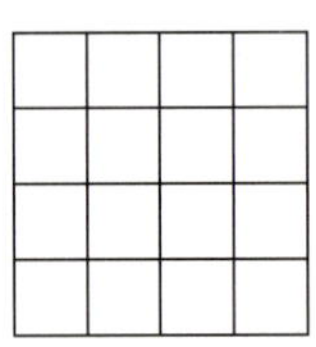

c) Geht es auch mit lauter verschiedenen Vierlingen?

6 Vierling-Puzzle. Immer abwechselnd einen Vierling in das Spielfeld zeichnen. Wie viele Vierlinge schafft ihr?

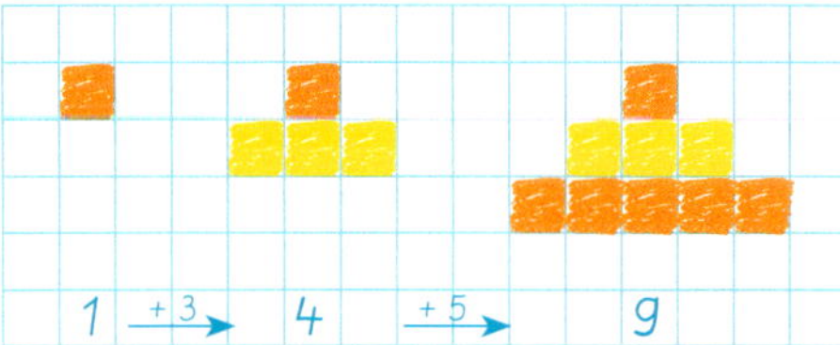

1 a) Aus wie vielen Kästchen besteht die nächste Figur?

b) Zeichne die Figuren ab und zeichne anschließend noch zwei weitere Figuren.

c) In der untersten Reihe sind 11 Kästchen. Aus wie vielen Kästchen besteht die Figur insgesamt?

2

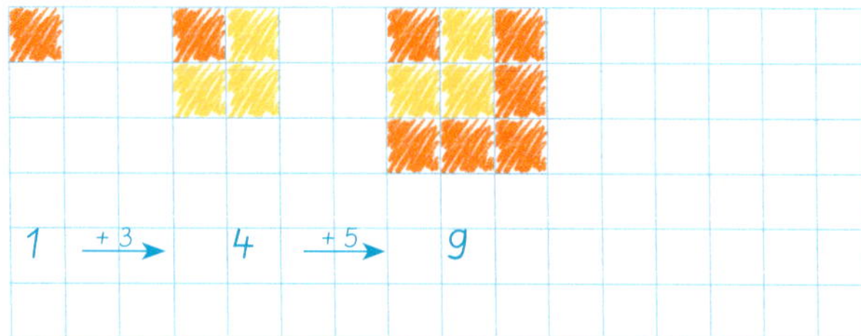

a) Aus wie vielen Kästchen besteht die nächste Figur?

b) Zeichne die Figuren ab und zeichne anschließend noch drei weitere Figuren.

c) An ein Quadrat werden 13 Kästchen gemalt. Aus wie vielen Kästchen besteht das neue Quadrat?

3 a) Zeichne die Muster ab und zeichne drei weitere Figuren dazu.

b) Finde zu jedem Rechteck eine Malaufgabe.

c) Das Rechteck ist neun Kästchen breit. Aus wie vielen Kästchen besteht es?

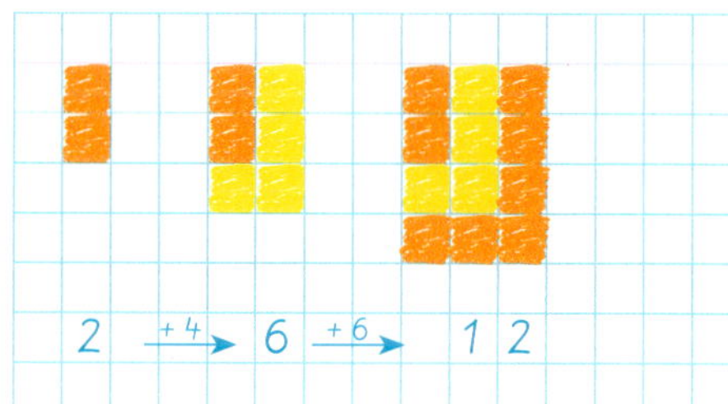

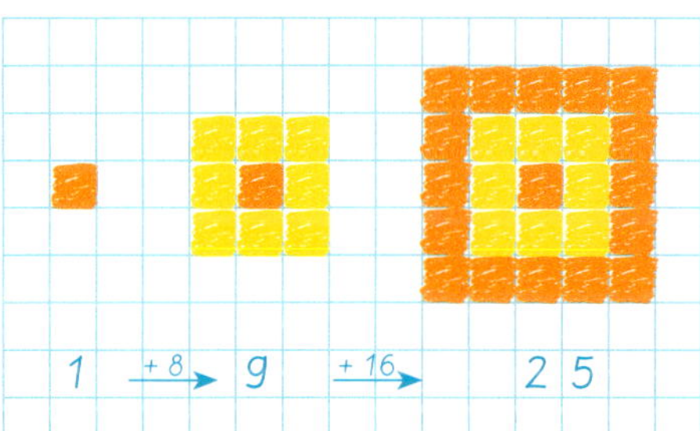

4 a) Zeichne die Muster ab und zeichne zwei weitere Figuren dazu. Wie viele Kästchen kommen jedesmal hinzu? Wie viele Kästchen sind es insgesamt?

b) Das Muster besteht aus 121 Kästchen. Wie viele rote Kästchen sind es, wie viele gelbe Kästchen sind es?

WW

5

a) 58 – 53, 68 – 73, 78 – 73

b) 47 – 26, 57 – 36, 67 – 46

c) 54 – 27, 64 – 37, 74 – 47

d) 172 – 167, 182 – 177, 192 – 187

e) 246 – 219, 256 – 229, 266 – 239

6

a) 320 – 280, 420 – 380, 520 – 480

b) 570 – 230, 670 – 330, 770 – 430

c) 440 – 370, 540 – 470, 640 – 570

d) 264 – 118, 364 – 218, 464 – 318

e) 486 – 179, 586 – 279, 686 – 379

Schriftliches Subtrahieren

Wie tief kannst du tauchen?

1

670 – 3	895 – 4
670 – 30	895 – 40
670 – 300	895 – 400

370 495 640 667 805 855 891

2

860 – 130	680 – 370
540 – 220	730 – 130
960 – 460	690 – 460

230 310 320 500 600 650 730

Minus-Aufgaben – leichte und schwere.

3

670 – 380
510 – 360
820 – 490
940 – 570
730 – 140
400 – 270

130 150 290 330 370 460 590

4

673 – 120	361 – 90	823 – 19
481 – 260	473 – 80	654 – 25
888 – 440	924 – 60	983 – 78

221 271 393 448 553 629 804 864 905 916

5

287 – 3	275 – 272
287 – 281	275 – 2
236 – 4	248 – 247
236 – 231	248 – 5

1 3 5 6 10 232 243 273 284

6

Schreibe in Geheimschrift und rechne.

834 – 413	596 – 312
781 – 320	667 – 345

284 322 421 461 515

7

831 – 216	646 – 191
973 – 429	729 – 373

356 455 544 615 653

841
– 496

Einführung in das schriftliche Subtrahieren
- ❍ durch Ergänzen und Erweitern Seite 101

oder
- ❍ durch Abziehen und Entbündeln Seite 132

Danach gemeinsam weiter auf Seite 104

Subtrahieren durch Ergänzen

1 Wie viel Euro muss Emilia noch sparen, um so viel Geld wie Jakob zu haben?

2 So rechnet Emilia in der Stellentafel, sie ergänzt.

Zuerst die Einer,

3 E + ___ E = 9 E
Schreibe 6 E.

dann die Zehner,

2 Z + ___ Z = 5 Z
Schreibe 3 Z.

dann die Hunderter

2 H + ___ H = 3 H
Schreibe 1 H.

3 Rechne und sprich wie Emilia.

	a)	b)	c)	d)	e)	f)
	H Z E	H Z E	H Z E	H Z E	H Z E	H Z E
	5 3 8	7 4 8	9 3 4	8 6 4	9 7 8	6 7 8
−	2 1 5	4 1 5	5 2 4	6 6 1	2 1 5	6 2 5

53 203 323 333 403 410 763

4 Stellengerecht schreiben: Einer unter Einer, Zehner unter Zehner, Hunderter unter Hunderter.

a) 693 − 271 b) 974 − 362 c) 597 − 361 d) 644 − 213 e) 787 − 616 f) 427 − 313

5

Schriftliches Subtrahieren mit Übertrag

1 So rechnet Emilia 741 – 315.
Zuerst die Einer,

5 E + ___ = 1 E
Geht nicht.

Oben 10 E dazu,
unten 1 Z dazu.

dann die Zehner,

dann die Hunderter

5 E + ___ E = 11 E
Schreibe 6 E.

2 Z + ___ Z = 4 Z
Schreibe 2 Z.

3 H + ___ H = 7 H
Schreibe 4 H.

2

	a)	b)	c)	d)	e)	f)
	H Z E	H Z E	H Z E	H Z E	H Z E	H Z E
	8 7 6	6 8 3	7 4 2	9 1 7	8 5 9	7 6 2
–	4 2 7	3 5 6	4 1 7	6 3 5	3 6 8	1 8 7

282 325 327 427 449 491 575

3 Stellengerecht schreiben: Einer unter Einer, Zehner unter Zehner, Hunderter unter Hunderter.

a)	b)	c)	d)	e)	f)
583	942	854	869	753	631
– 248	– 416	– 373	– 278	– 271	– 415

216 276 335 481 482 526 591

4 Nullen in den Ergebnissen.

a)	b)	c)	d)	e)	f)
936	764	993	567	926	908
– 229	– 256	– 163	– 259	– 419	– 158

308 380 507 508 707 750 830

5 Nullen in den Zahlen.

a)	b)	c)	d)	e)	f)
709	905	627	539	604	1000
– 473	– 479	– 509	– 403	– 86	– 474

118 136 236 338 426 518 526

6 Schreibe stellengerecht untereinander, dann rechne.
Alle Ergebnisse haben die Quersumme 12.

a) 735 – 129 b) 988 – 652 c) 804 – 144 d) 604 – 457
e) 619 – 67 f) 347 – 92 g) 425 – 89 h) 708 – 75

1 Immer zwei Fehler-Aufgaben gehören in eine Schublade.
Überprüfe und ordne zu.
Dann rechne richtig.

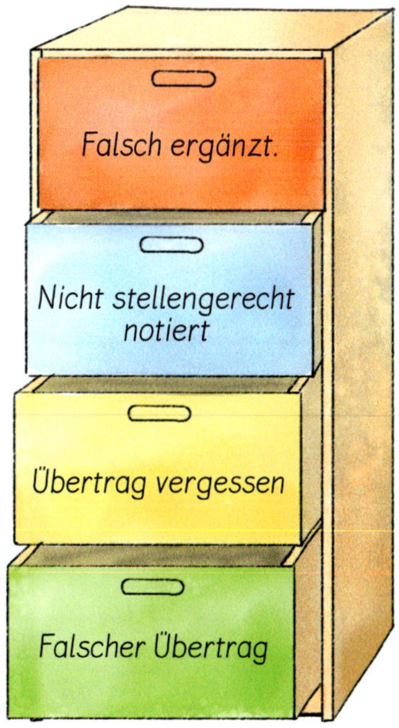

a) 861 − 347 (Übertrag: 10) = 524

b) 493 − 24 = 253

c) 648 − 326 (Übertrag: 1) = 222

d) 533 − 399 (Übertrag: 10 10, 1 1) = 136

e) 463 − 275 = 212

f) 463 − 275 (Übertrag: 10) = 298

g) 615 − 323 (Übertrag: 10 10) = 282

h) 1099 − 101 = 89

2 Vier Aufgaben sind falsch. In welche Schublade gehören sie? Rechne richtig.

a) 764 − 457 = 303

b) 438 − 215 (Übertrag: 10, 1) = 213

c) 654 − 206 (Übertrag: 10, 1) = 448

d) 583 − 49 (Übertrag: 10, 1) = 93

e) 712 − 633 (Übertrag: 10 10, 1) = 179

f) 870 − 783 (Übertrag: 10 10, 1 1) = 87

3 Zahline rechnet die Aufgabe und zur Probe die Umkehraufgabe. Rechne wie Zahline.

a) 571 − 153

b) 725 − 218

c) 704 − 531

d) 568 − 196

e) 951 − 673

f) 806 − 772

a) 571 − 153 (Übertrag: 10, 1) = 418 P: 418 + 153 (Übertrag: 1) = 571

4 Vier Aufgaben sind falsch. Rechne die Probe, um sie zu finden.
Rechne diese Aufgaben richtig.

a) 884 − 338 (Übertrag: 10) = 556

b) 923 − 609 (Übertrag: 10 10, 1 1) = 214

c) 478 − 309 (Übertrag: 10, 1) = 168

d) 727 − 273 (Übertrag: 10, 1) = 454

e) 1000 − 826 (Übertrag: 10 10 10) = 284

f) 507 − 459 (Übertrag: 10 10, 1 1) = 48

5 Gleicher Buchstabe, gleiche Ziffer.

A B C − D C D = E A B (Übertrag: DC, D)

B C A − F D D = F B E (Übertrag: DC, D)

F C E − D C F = G C G

1

a) 738 − 506 b) 856 − 326 c) 985 − 360 d) 437 − 117 e) 643 − 591 f) 875 − 794

g) 653 − 478 h) 746 − 96 i) 866 − 259 j) 754 − 448 k) 340 − 128 l) 450 − 136

52 81 175 212 232 306 314 320 406 530 607 625 650

2 Schreibe stellengerecht untereinander, dann rechne.

a) 736 − 523 b) 704 − 486 c) 723 − 528 d) 608 − 458 e) 555 − 258
f) 318 − 46 g) 298 − 159 h) 186 − 97 i) 219 − 76 j) 309 − 193

89 116 139 143 150 195 213 218 272 295 297

3

a) 7 □ 5 − 2 3 □ = □ 6 3
b) 9 8 □ − 3 6 4 = □ □ 3
c) □ 1 7 − 3 □ 3 = 1 7 □
d) 6 □ □ − □ 8 2 = 2 4 7
e) □ 7 □ − 2 □ 2 = 7 1 3
f) 5 □ 3 − □ 6 □ = 3 2 2

4

a) 7 □ 3 − □ 2 5 = 5 4 □
b) □ 7 2 − 5 □ □ = 3 4 6
c) 6 □ □ − □ 8 6 = 2 4 7
d) 6 2 1 − □ □ 4 = 3 6 □
e) □ 5 □ − 1 □ 9 = 2 4 1
f) 9 4 □ − □ □ 3 = 5 9 4

5 a) Johanna hat 321 € gespart. Sie kauft sich eine Querflöte für 249 €.
b) Später kauft sich Johanna noch einen Notenständer für 38 €.

6 a) Pavlos hat 350 €. Er kauft eine Geige für 297 €.
b) Sein Freund Fabian hat 228 €. Er kauft ein gebrauchtes Keyboard für 185 €.

7 Sofie möchte eine Klarinette für 176 € und ein Stimmgerät für 28 € kaufen. Sie hat 200 € gespart. Hat sie genug Geld?

8 Bendix hat 170 € gespart. Er kauft eine Trompete für 119 € und zwei Musik-CDs für je 19 €.

9

a)
987 − 876
876 − 765
765 − 654

b)
210 − 12
321 − 123
432 − 234

c)
555 − 456
444 − 345
333 − 234

d)
432 − 333
543 − 444
654 − 555

10

a)
1001 − 779
1001 − 668
1001 − 557

b)
1001 − 234
1001 − 345
1001 − 456

c)
1001 − 244
1001 − 355
1001 − 466

d)
1001 − 866
1001 − 755
1001 − 649

9, 10 Starke Aufgaben: Gesetzmäßigkeit erkennen und Aufgabenfolge fortsetzen.

1 Welche Aufgaben rechnest du im Kopf? Welche schriftlich?

2

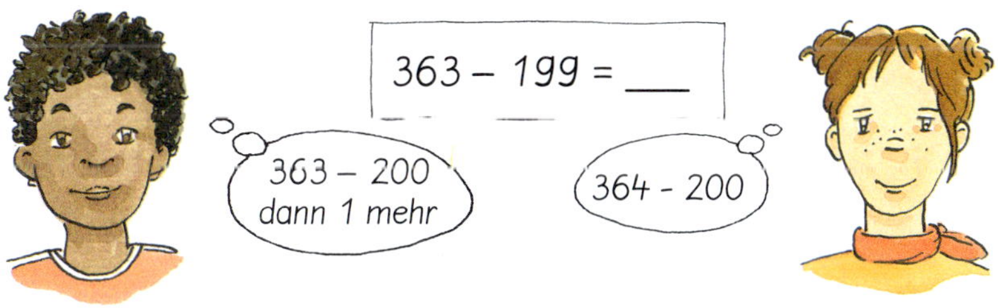

a) 363 – 199
475 – 299
831 – 399

b) 926 – 399
780 – 599
438 – 199

c) 799 – 450
699 – 210
299 – 170

d) 401 – 298
508 – 498
983 – 698

3

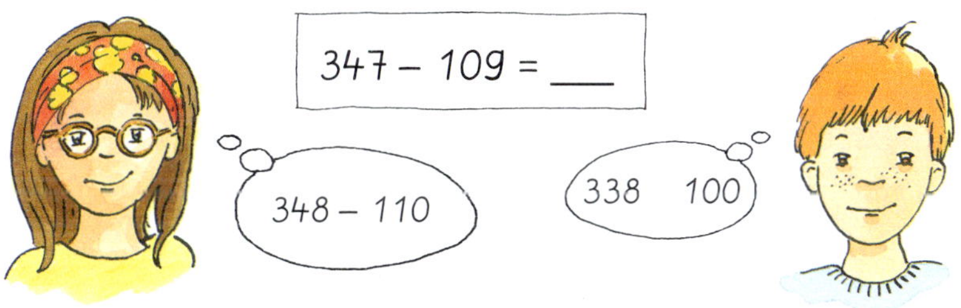

a) 347 – 109
569 – 409
783 – 309

b) 528 – 208
674 – 508
781 – 408

c) 509 – 310
679 – 450
869 – 620

d) 388 – 290
478 – 290
648 – 460

4 Im Kopf oder schriftlich? Wie geht es schneller? Entscheide bei jeder Aufgabe neu.
Alle Ergebnisse haben die Quersumme 15.

a) 1000 – 40
940 70
614 – 59

b) 700 – 145
930 – 150
729 – 120

c) 682 – 505
502 – 307
755 – 101

d) 954 – 687
777 – 222
874 – 499

e) 1000 – 130
1000 – 742
1000 – 436

5 a) Subtrahiere 473 von 895. Addiere zur Differenz noch 22.
b) Subtrahiere 277 von 819. Addiere zur Differenz noch 75 und 49.
c) Subtrahiere 573 von 610. Multipliziere die Differenz mit 9.
d) Subtrahiere 860 von 934. Multipliziere die Differenz mit 3.

6 Wie heißt die Zahl?

a) *Wenn du 75 und 370 zu der Zahl addierst, erhältst du 1000.*

b) *Wenn du die Differenz von 800 und 577 zu der Zahl addierst, erhältst du 1000.*

c) *Wenn du 388 davon subtrahierst und die Differenz verdoppeltst, erhältst du 1000.*

Rechnen mit Geld

Springseil	Indiaca	Softball	Diabolo	Federballspiel
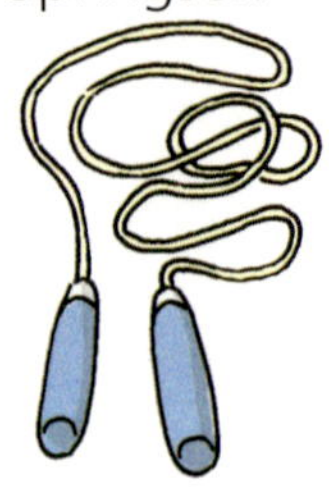			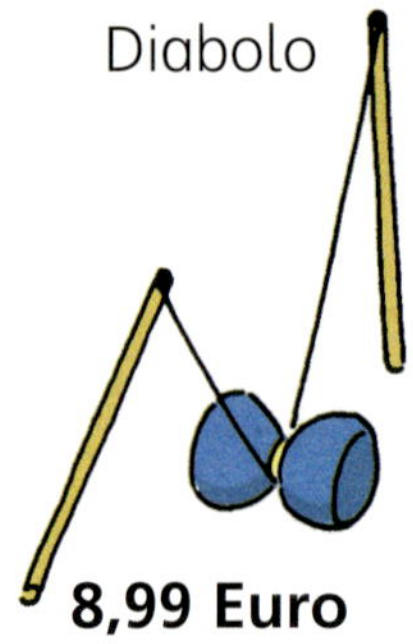	
4,35 Euro	3,79 Euro	Stück 4,95 Euro	8,99 Euro	7,69 Euro

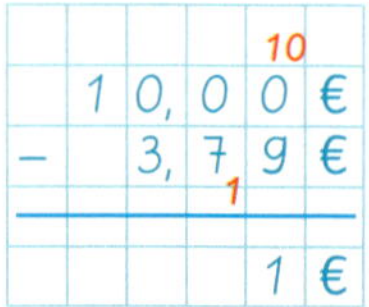

1 Lara kauft ein Indiaca. Sie bezahlt mit einem 10-€-Schein.
Wie viel Geld bekommt sie zurück? Rechne im Kopf oder schriftlich.

2 Jakob kauft ein Diabolo. Er bezahlt mit einem 20-€-Schein.
Wie viel Geld bekommt er zurück?

3 Sinan hat 12 € Taschengeld gespart. Er kauft sich ein Federballspiel.
Wie viel Taschengeld hat Sinan nun noch?

4 Wie viel Taschengeld haben die Kinder nach ihrem Einkauf noch?

a) Elias: 
gespart: 7 €
gekauft: ein Indiaca

b) Maria: 
gespart: 18 €
gekauft: ein Springseil

c) Alexander: 
gespart: 13,50 €
gekauft: einen Softball

5 Im Kopf oder schriftlich?

a) 9,00 € – 7,99 €
8,45 € – 5,69 €
7,80 € – 7,20 €

b) 15,75 € – 5,05 €
21,00 € – 4,80 €
17,23 € – 3,85 €

c) 25,35 € – 22,35 €
16,79 € – 10,09 €
22,95 € – 14,79 €

0,60 € 1,01 € 2,76 € 3,00 € 6,70 € 8,16 € 10,70 € 12,10 € 13,38 € 16,20 €

6 a) Hannah wünscht sich ein Springseil und ein Indiaca. Wie teuer ist beides zusammen?
b) Sie zahlt mit einem 20-€-Schein. Wie viel Geld bekommt sie zurück?

7 a) Tom wünscht sich einen Softball und ein Diabolo. Er zahlt mit einem 20-€-Schein.

8 Wie viel Taschengeld haben die Kinder nach ihrem Einkauf noch?

a) Charlotte: 
gespart: 17 €
gekauft: einen Softball
und ein Federballspiel

b) Felix: 
gespart: 24 €
gekauft: ein Indiaca
und ein Diabolo

c) Nina: 
gespart: 26,70 €
gekauft: zwei Diabolos
und zwei Springseile

9 Die drei Ergebnisse in einem Päckchen ergeben zusammen 10 €.

a) 9,85 € – 5,75 €
9,99 € – 4,86 €
5,51 € – 4,74 €

b) 13,84 € – 9,89 €
10,00 € – 8,75 €
11,95 € – 7,15 €

c) 20 € – 16,85 €
15 € – 11,78 €
18 € – 14,37 €

d) 20 € – 13,69 €
12 € – 9,15 €
25 € – 24,16 €

Erst schätzen, dann rechnen

1

2 Rechnet in Kleingruppen. Ein Kind wählt die Aufgabe und rechnet wie Mia. Die anderen Kinder schreiben einen Überschlag auf. Vergleicht die Überschläge.

a) 386 – 149 b) 547 – 189 c) 684 – 112 d) 607 – 445 e) 721 – 387

3 Rechne zuerst genau. Vergleiche dann die Überschläge. Wer ist näher dran?

a) 567 – 189

Paul	Jule	Benita
500 – 200	550 – 200	600 – 200

b) 871 – 438

Paul	Jule	Benita
800 – 400	900 – 450	900 – 400

4 Überschlage zuerst. Dann rechne genau.

a)	b)	c)
607 – 394	487 – 378	949 – 294
589 – 104	594 – 269	652 – 103
912 – 785	982 – 586	756 – 249
814 – 589	678 – 487	841 – 657

Ü: 600 – 400 = 200

a) 607
– 394

109 127 184 191 213 225 325 396 485 491 507 549 655

5 Minus-Aufgaben mit der Zahlenleine.

Wähle zwei Zahlen und subtrahiere sie.

a) Differenz kleiner als 200.
Es gibt acht Aufgaben.
55 74 79 129 167 178 179 185

b) Differenz größer als 700.
Es gibt vier Aufgaben.
732 788 843 917

c) Differenz zwischen 400 und 500.
Es gibt vier Aufgaben.
401 424 442 475

Kreative Aufgaben: Entdeckungen mit Spiegelzahlen

1 Zahline sucht auf der Tafel zu ihrer Zahl 297 die Spiegelzahl.

a) Welche Zahl ist es?
Woran erkennst du sie?

b) Immer zwei Zahlen auf der Tafel sind Spiegelzahlen.
Schreibe die Zahlenpaare auf.

2 Lege mit den Ziffernkarten 4, 5 und 9 verschiedene dreistellige Zahlen.

a) Wie viele verschiedene Zahlen findest du? Schreibe sie auf.

b) Ordne die Zahlen nach der Größe. Beginne mit der größten Zahl.

c) Welche Zahlen sind Spiegelzahlen? Schreibe die Zahlenpaare auf.

3 Wähle selbst drei verschiedene Ziffernkarten. Arbeite wie in Aufgabe 2.
Was fällt dir auf?

Es gibt immer ___ verschiedene Zahlen.
Es gibt immer ___ Paare, die Spiegelzahlen sind.

4 a) Zahlix hat die Ziffernkarten 7, 5 und 4 gewählt. Er legt damit die größte Zahl und rechnet.

b) Rechne immer mit den Ziffern der Differenz weiter: Größte Zahl minus Spiegelzahl.
Rechne so lange, bis sich die Rechnung in dem Wagen wiederholt.
Wie viele verschiedene Wagen kannst du anhängen?

5 Starte mit diesen Ziffernkarten. Wie viele verschiedene Wagen kannst du anhängen?

a) 3 5 8 b) 2 9 5 c) 2 1 5 d) 1 8 9

6 Wähle selbst drei Ziffernkarten. Wie viele verschiedene Wagen kannst du anhängen?

7 Untersuche die Minus-Züge.
Du kannst zwei Entdeckungen machen.

Bei der Differenz steht in der Mitte immer ___.
Die Quersumme ist immer ___.

8 Die Minus-Züge sind verschieden lang.

a) Findest du einen Minus-Zug mit nur einem Wagen?

b) Findest du einen Zug mit fünf verschiedenen Wagen?

1 Minus-Aufgaben mit der Zahlenleine.

Wähle zwei Zahlen und subtrahiere sie.

a) Die Differenz soll größer als 600 sein.
Vier Aufgaben. 608 650 745 830

b) Die Differenz soll zwischen 100 und 200 liegen.
Fünf Aufgaben. 114 137 143 171 180

c) Die Differenz soll an der Einerstelle eine 5 haben.
Sechs Aufgaben. 85 285 365 465 565 745

2 Alle drei Ergebnisse ergeben zusammen 1001.

a)	b)	c)	c)
9 · 70 – 220	4 · 60 – 56	50 · 8 – 132	80 · 6 – 249
6 · 80 – 140	9 · 80 – 79	70 · 9 – 129	40 · 7 – 84
5 · 90 – 199	3 · 90 – 94	60 · 7 – 188	90 · 8 – 146

3 Für Einmaleins-Häuptlinge.
Alle vier Ergebnisse zusammen ergeben 1001.

a)	b)	c)	d)	e)
11 · 9 · 4	11 · 9 · 2	2 · 11 · 6	3 · 8 · 11	4 · 6 · 11
11 · 9 · 3	11 · 9 · 5	2 · 11 · 7	4 · 8 · 11	6 · 6 · 11
11 · 4 · 4	11 · 2 · 4	5 · 11 · 6	5 · 4 · 11	8 · 2 · 11
11 · 4 · 3	11 · 4 · 5	5 · 11 · 7	5 · 3 · 11	3 · 5 · 11

4 Bilde aus den sechs Ziffernkarten zwei dreistellige Zahlen. Die Summe soll 1001 sein.

a) 4 3 7 8 1 6 b) 7 2 0 5 6 9 c) 0 9 1 4 8 7

5 Rechne geschickt. In welcher Reihenfolge multiplizierst du?
Alle drei Ergebnisse ergeben zusammen 1001.

a)	b)	c)	d)	e)
12 · 2 · 5	2 · 37 · 5	3 · 15 · 4	5 · 21 · 4	5 · 35 · 3
25 · 8 · 4	3 · 11 · 7	7 · 25 · 3	7 · 83 · 1	6 · 21 · 2
3 · 9 · 3	8 · 25 · 2	4 · 37 · 2	6 · 76 · 0	2 · 14 · 8

6

a) *Wenn du zu meiner Zahl 555 addierst, erhältst du 1001.*

b) *Wenn du meine Zahl halbierst und dann 801 addierst, erhältst du 1001.*

c) *Meine Zahl hat die Quersumme 10. Wenn du meine Zahl von 1001 subtrahierst, erhältst du eine Zahl unter 100.*

d) *Wenn du meine Zahl verdoppeltst dann 401 addierst, erhältst du 1001.*

e) *Wenn du zu meiner Zahl 707 addierst, erhältst du 1001.*

Das hast du gerade gelernt

1 a) 534 − 212 b) 748 − 325 c) 968 − 405 d) 775 − 103

e) 853 − 326 f) 560 − 234 g) 620 − 87 h) 635 − 228

322 326 407 423 443 527 533 563 672

2 Addiere die drei Ergebnisse.
Du erhältst immer 1000.

a) 634 − 258 b) 965 − 587 c) 745 − 287
746 − 348 847 − 369 513 − 359
843 − 617 325 − 181 614 − 226

3 a) *Subtrahiere 369 von 874.* b) *Subtrahiere 578 von 881.*

4

a)
```
  □ 3 □
− 2 □ 2
  3 6 2
```
b)
```
  7 □ 2
− □ 4 □
  4 3 5
```
c)
```
  □ 5 1
− 3 □ 4
  2 6 □
```
d)
```
  □ 8 □
− 5 □ 7
  2 4 6
```
e)
```
  6 □ 3
− 2 5 □
  □ 4 8
```
f)
```
  □ 2 6
− 2 1 □
  3 □ 7
```

5 Im Kopf oder schriftlich?

a) 800 − 630 b) 1000 − 350
800 − 507 1000 − 428
800 − 587 953 − 300
743 − 500 917 − 403
743 − 605 760 − 76

138 170 213 243 293 514 550 572 650 653 684

6 a) 1000 | 870 | 699 (−) 300 | 450 | 501

198 210 249 369 399 420 499 550 570 700

b) 794 | 912 | 804 (−) 299 | 407 | 687

107 117 225 387 397 495 505 505 515 613

7 a) Jonas bekommt zum Geburtstag 165 €. Er kauft eine Schreibtischlampe für 128 €. Wie viel Geld hat er dann noch?

b) Hannah hat 327 € auf ihrem Sparbuch. Sie kauft ein Bücherregal für 159 €.

8 a) 5 € − 2,49 € b) 5 € − 0,96 € c) 2 € − 0,89 € d) 8 € − 1,10 €
7 € − 3,46 € 9 € − 4,96 € 6 € − 2,08 € 8 € − 0,90 €

1,11 € 2,51 € 3,54 € 3,92 € 4,04 € 4,04 € 4,96 € 6,90 € 7,10 €

9 a) 10 € − 4,99 € b) 15 € − 9,89 € c) 20 € − 18,99 € d) 30 € − 14,99 €
15 € − 2,49 € 20 € − 14,96 € 50 € − 29,90 € 50 € − 19,99 €

1,01 € 1,11 € 5,01 € 5,04 € 5,11 € 12,51 € 15,01 € 20,10 € 30,01 €

10 Leonie hat 10 €.
Sie kauft im Supermarkt Waren zu folgenden Preisen ein:

1,98 € **2,39 €** **2,49 €** **2,97 €**

Bevor sie zur Kasse geht, überschlägt sie die Summe.

a) Reicht das Geld?

b) Wie viel Geld bekommt sie zurück?

11 Philipp hat 15 €.
Er kauft im Supermarkt Waren zu folgenden Preisen ein:

4,05 € **1,29 €** **6,99 €** **1,95 €**

Bevor er zur Kasse geht, überschlägt er die Summe.

a) Reicht das Geld?

b) Wie viel Geld bekommt er zurück?

1
a) 345 + 233
b) 455 + 143
c) 253 + 246
d) 247 + 302
e) 421 + 339
f) 503 + 248
g) 378 + 493

499 549 578 598 678 751 760 871

2 Schreibe untereinander. Dann addiere schriftlich.

a) 582 + 364 b) 289 + 456 c) 179 + 204 + 316 d) 152 + 84 + 552

3 Im Kopf oder schriftlich? Entscheide bei jeder Aufgabe neu.
Alle Ergebnisse haben die Quersumme 12.

a)	b)	c)	d)
699 + 123	176 + 628	202 + 177 + 146	200 + 302 + 50
169 + 383	570 + 333	561 + 116 + 127	128 + 325 + 99
303 + 303	177 + 267	101 + 150 + 499	500 + 154 + 6

4
a) *Addiere 221 und 564.*
b) *Addiere 326, 150 und 109.*
c) *Berechne das Doppelte von 393.*
d) *Berechne das Doppelte von 278.*

5
a) 3 5 1 + 1 2 □ = □ □ 4
b) 4 5 □ + 1 □ 4 = □ 6 9
c) □ 8 0 + 5 7 □ = 7 □ 3
d) 2 □ 7 + 2 9 3 + 2 3 □ = □ 7 7
d) 9 4 + 3 1 □ + □ 5 6 = 6 □ 6
e) 1 0 9 + □ □ 9 + 1 0 5 = 3 3 □

6 Welche Einheit passt?

mm	cm	m	km	g	kg	s	min	h

a) Tobias übt 30 ___ lang Flöte.
b) Ein Briefumschlag wiegt ungefähr 10___ .
c) Marias Daumen ist 1 ___ breit.
d) Die Tür des Klassenzimmers ist 2 ___ hoch.
e) Vater wiegt 40 ___ mehr als Lukas.
f) Toms Fußball-Training dauert $1\frac{1}{2}$ ___ .
g) Sarah kann die 6er-Reihe in 10 ___ aufsagen.
h) Eine Fliege ist ungefähr 11 ___ groß.
i) Die Fahrradtour war 15 ___ lang.

7 Schreibe als Kommazahlen. Ordne.
Beginne mit der größten Länge.

150 cm **1 m 5 cm** **2m 40 cm** **24 cm** **17 m** **1 m 75 cm**

8 **1. Figur** **2. Figur**

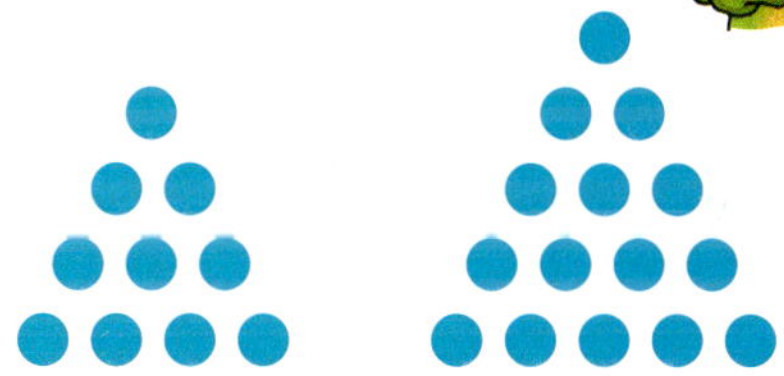

a) Wie viele blaue Plättchen brauchst du für die 3. Figur, die 4. Figur?
b) Bestimme die Anzahl der blauen Plättchen für die 6. Figur ohne zu zeichnen.

9 **1. Figur** **2. Figur** **3. Figur**

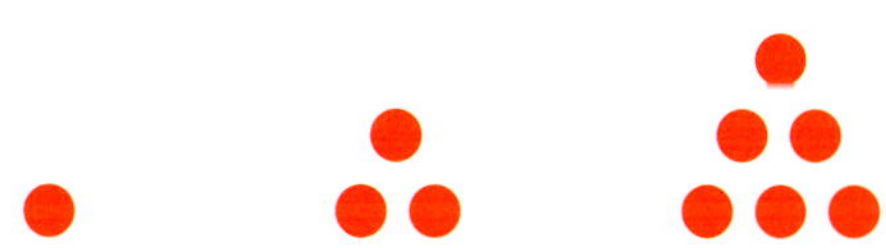

a) Wie viele rote Plättchen brauchst du für die 4. Figur, die 5. Figur?
b) Bestimme die Anzahl der roten Plättchen für die 7. Figur ohne zu zeichnen.

Daten und Zufall

Angebot 1

Jugendherberge Schöne Aussicht

Kinder/Jugendliche bis 26 Jahre	21,50 €
Erwachsene ab 27 Jahre	34,50 €
Zugfahrt pro Person Hin und zurück	54,00 €
Busfahrt pro Person Einfache Fahrt	2,50 €

besondere Angebote
- Schwimmbad
- Turnhalle
- Malkurse

Ausflugsziele
- Waldlehrpfad
- Streichelzoo

Klassenfahrt der Klasse 3a
Das ist mir wichtig:

Nicht teurer als 100 €

Fußball

Malkurs

Schwimmbad

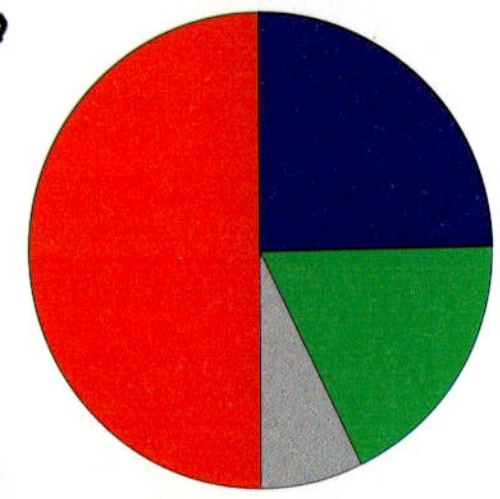

Angebot 2

Jugendherberge Sonnenschein

Grundschüler	27,50 €
Kinder 11 – 16 Jahre	30,70 €
Jugendliche bis 27 Jahre	34,30 €
Erwachsene ab 27 Jahre	40,00 €
Buskosten insgesamt für 30 Personen	900,00 €

Ausflugsziele
- Museum
- Glasbläserei
- Erlebnisbad

besondere Angebote
- Fußballplatz
- Turnhalle
- Sandkasten

1 Die Kinder der Klasse 3 a stimmen ab. Jedes Kind darf einmal wählen. Die wenigsten Kinder wählen den Malkurs. Die Hälfte der Kinder kann nicht mehr als 100 € ausgeben. Ein Viertel der Kinder möchte Fußball spielen. Die restlichen Kinder wählen das Schwimmbad. Was bedeuten die Farben im Kreisdiagramm?

Malkurs

2 In der Klasse 3a sind 28 Kinder.
a) Wie viele Kinder möchten nicht mehr als 100 € ausgeben?
b) Wie viele Kinder möchten Fußball spielen?
c) Zwei Kinder möchten malen. Wie viele Kinder möchten in das Schwimmbad gehen?

3 Zwei Angebote im Vergleich. Die Kinder müssen sich für ein Angebot entscheiden.
a) Welche Jugendherberge wählen wohl diese Kinder?

b) Welche Jugendherberge würdest du wählen? Was sind deine Gründe?

4 Die Klasse 3a fährt drei Tage auf Klassenfahrt. Das sind zwei Übernachtungen.
a) Welches Angebot ist günstiger?
b) Rechne genau. Wie viel Geld muss jedes der 28 Kinder bezahlen?

Angebot 1

Kosten für 2 Übernachtungen	___ €
Kosten für die Zugfahrt	___ €
Kosten für die Busfahrt	___ €
SUMME	___ €

Angebot 2

Kosten für 2 Übernachtungen	___ €
Buskosten pro Person	___ €
SUMME	___ €

0	1	2	3	4	5
6	7	8	9	0	1
2	3	4	5	6	7
8	9				

1									10
11									20
21									30
31									40
41									50
51									60
61									70
71									80
81									90
91									100

1				
11				
21				
31				
41				

				10
				20
				30
				40
				50

51				
61				
71				
81				
91				

				60
				70
				80
				90
				100

101				
101				
121				
131				
141				

				110
				120
				130
				140
				150

151				
161				
171				
181				
191				

				160
				170
				180
				190
				200

Programm-Vorschläge

Montag, 2. Mai

10.00 Uhr	Ankunft
12.30 Uhr	Mittagessen
14.00 Uhr	Freizeit
16.00 Uhr	Wald-Rallye
18.00 Uhr	Abendbrot
20.00 Uhr	Disco
22.00 Uhr	Nachtruhe

Dienstag, 3. Mai

8.00 Uhr	Frühstück
9.00 Uhr	Glasbläserei
12.30 Uhr	Mittagessen
14.00 Uhr	Erlebnisbad
18.00 Uhr	Abendbrot
20.00 Uhr	Fußball-Turnier
22.00 Uhr	Nachtruhe

Mittwoch, 4. Mai

8.00 Uhr	Frühstück
9.00 Uhr	Abfahrt

1 Viele Fragen. Kannst du alle beantworten?

Alexander *Felix* *Nina* *Charlotte* *Kaja*

Glasbläserei

Öffnungszeiten:

Di bis Fr:	9.00 – 18.00 Uhr
Sa und So:	10.00 – 19.00 Uhr

Kinder bis 12 Jahre	2,50 €
Erwachsene	3,90 €
Gruppen (ab 20 Personen)	2,00 € pro Pers.

Vorführungen: Täglich um 10.15 Uhr, 15.30 Uhr und 17 Uhr

Erlebnisbad

Öffnungszeiten:

Mo, Mi, Fr.:	10.00 – 17.00 Uhr
Di, Do:	9.00 – 20.00 Uhr
Sa, So:	10.00 – 21.00 Uhr

Kinder/Jugendliche	3 Std.	8,00 €
Erwachsene	3 Std.	16,00 €

Angebot für Schulklassen:
Bei Gruppen ab 20 Kindern zahlen alle nur die Hälfte des normalen Preises, Betreuerinnen frei.

2 Jedes Kind darf 10 € Taschengeld mitnehmen. Sie müssen davon noch den Eintritt für die Glasbläserei und für das Erlebnisbad bezahlen. Reicht das Geld?

3 Daniel prahlt: „Das Schwimmbad in unserem Ort hat viel länger geöffnet. Von Dienstag bis Samstag hat es von 8.00 Uhr bis 18.00 Uhr geöffnet, am Sonntag sogar 12 Stunden. Nur am Montag ist es geschlossen."

4 Die Lehrerin sagt: „Für die Wanderung zur Glasbläserei brauchen wir eine Dreiviertelstunde."

a) Wann kommen sie an?

b) Wie lange müssen sie noch bis zur Vorführung warten?

5 Die Lehrerin sammelt das Geld für den Eintritt ins Erlebnisbad ein.
Wie teuer ist der Eintritt für alle 28 Kinder und die zwei Lehrerinnen?

1 Führt das Spiel in der Klasse durch. Ein Kind übernimmt die Ereigniskarte von Katja, das andere die von Kai. Was glaubst du, wer gewinnt, Katja oder Kai?

2 Ein neues Spiel mit anderen Ereigniskarten. Spielt dieses Spiel. Was glaubst du, mit welcher Karte die Gewinnchancen am größten sind?

a) Karte 1 oder Karte 2 b) Karte 3 oder Karte 4 c) Karte 2 oder Karte 4

Karte 1	Karte 2	Karte 3	Karte 4
Augenzahl 4	Augenzahl kleiner als 4	Augenzahl gerade	Augenzahl größer als 4

3 Würfelt nun mit zwei Würfeln nach derselben Spielregel.

a) Entscheidet euch vor dem Spiel für zwei Ereigniskarten.

Karte 1	Karte 2	Karte 3	Karte 4
Augensumme 10	Augensumme 2	Augensumme 8	Augensumme 14

b) Manche Augensummen kommen häufiger vor als andere. Warum? Welche Vermutung hast du?

4 a) Tom hat alle Möglichkeiten zu den Augensummen 10 und 8 aufgeschrieben. Er entscheidet sich für die Augensumme 8. Warum?

b) Welche Augensumme hat die größte Gewinnchance?

5 Ein neues Spiel mit zwei Würfeln und neuen Ereigniskarten. Mit welcher Karte ist ein Gewinn

a) unmöglich, b) möglich, c) sicher?

Karte 1	Karte 2	Karte 3	Karte 4
Augensumme kleiner als 5	Augensumme kleiner als 2	Augensumme größer als 8	Augensumme größer als 1

6 Schreibt selbst Ereigniskarten. Dann spielt.

Möglich, sicher, unmöglich

1 Am Glücksrad gewinnt, wer auf das gelbe Feld kommt. Zahlix möchte gewinnen. Er überlegt, zu welchem Glücksrad er gehen soll.

2 a) Rot gewinnt. Zu welchem Glücksrad gehst du?
b) Blau gewinnt. Zu welchem Glücksrad gehst du?

3 a) Bei welchem Glücksrad setzt du bestimmt nicht auf blau?
b) Auf welche Farbe setzt du beim Glücksrad Nummer 3?

4 Bei welchen kleinen Glücksrädern hat man die gleichen Gewinnchancen wie beim großen Glücksrad?

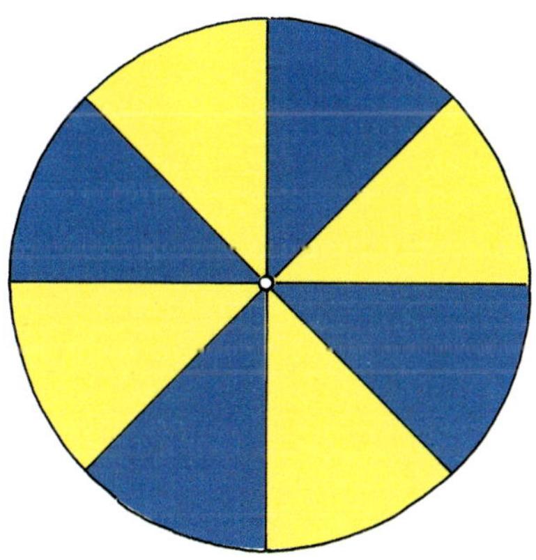

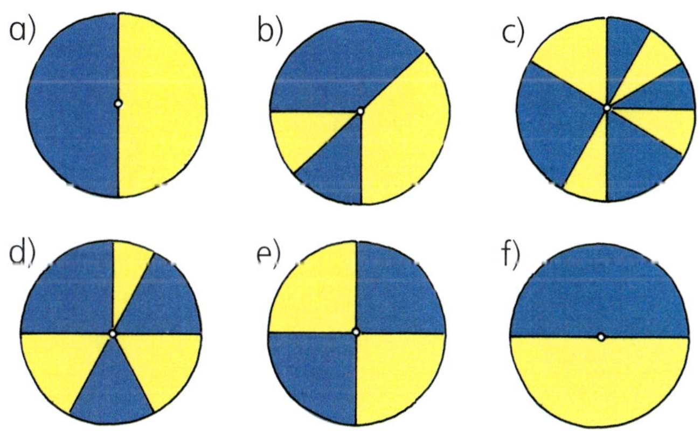

5 Löse die Aufgabenzettel zu jeder Kiste. Stelle dir jedes Mal vor, du nimmst mit geschlossenen Augen Plättchen heraus.

a)

b)

1) Nimm zwei Plättchen. Beide Plättchen sollen dieselbe Farbe haben. Ist es sicher, möglich oder unmöglich?

2) Nimm fünf Plättchen. Alle fünf sollen dieselbe Farbe haben. Ist es sicher, möglich, oder unmöglich?

3) Nimm fünf Plättchen. Es sollen zwei verschiedene Farben dabei sein. Ist es sicher, möglich oder unmöglich?

4) Nimm vier Plättchen. Alle Plättchen sollen eine andere Farbe haben. Ist es sicher, möglich oder unmöglich?

6 In einem Beutel sind drei rote und drei gelbe Kugeln. Nimm zwei Kugeln heraus, beide Kugeln sollen verschiedene Farben haben. Ist es sicher, möglich oder unmöglich?

Kombinieren

1 14 Mädchen möchten in der Jugendherberge übernachten. Es sind sechs Dreierzimmer und sechs Zweierzimmer frei. Kein Bett im Zimmer darf frei bleiben, kein Kind darf allein im Zimmer schlafen.

a) Wie können sich die 14 Mädchen verteilen? Gib eine Lösung an. Eine Skizze kann dir helfen.

b) Wie viele verschiedene Möglichkeiten gibt es?

2 In der Jugendherberge möchten 17 Jungen übernachten. Es sind fünf Dreierzimmer, sechs Zweierzimmer und zusätzlich noch drei Viererzimmer frei. Kein Bett im Zimmer darf frei bleiben.

a) Jannis sagt: „Wir brauchen in jedem Fall ein Dreierzimmer." Wie kommt er darauf?

b) Kai meint: „Wir brauchen auch in jedem Fall ein Zweierzimmer." Stimmt das?

c) Es gibt sieben verschiedene Möglichkeiten, die Jungen unterzubringen. Findest du alle Möglichkeiten?

3 In ihrer Freizeit spielen Anna und Lisa gegen Lars, Felix und Tom Tischtennis, jedes Mädchen gegen jeden Jungen. Schreibe alle Möglichkeiten auf. Wie viele Spiele gibt es?

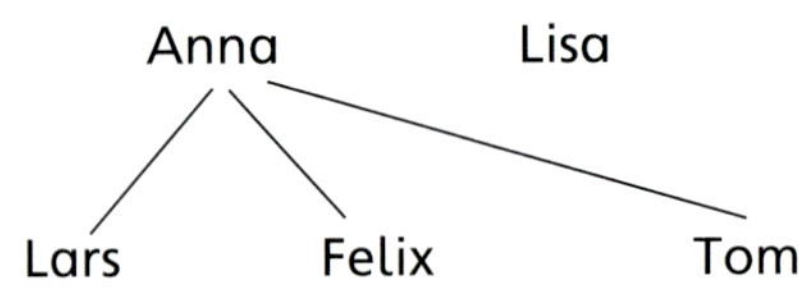

4 Nun spielen sie „Jeder gegen jeden". Wie viele Spiele gibt es?

5 Jason, Moritz und Jan spielen Tischtennis gegen Laura, Merle und Julia.

a) Jeder Junge gegen jedes Mädchen. Wie viele Spiele gibt es?

b) Nun spielen sie „Jeder gegen jeden". Jan meint: „Alle sechs Kinder müssen fünfmal spielen. Also gibt es 30 Spiele." Lisa sagt: „Dann würden wir beide ja zweimal gegeneinander spielen. Es gibt nur ___ Spiele."

6 a) Danach spielen einige Mädchen gegen fünf Jungen Tischtennis. Jedes Mädchen spielt gegen jeden Jungen. Insgesamt sind es 15 Spiele. Wie viele Mädchen spielen mit?

b) Wie viele Spiele sind es bei „Jeder gegen jeden"?

7 Später veranstalten sie noch ein Turnier „Jungen gegen Mädchen". Insgesamt gibt es 18 Spiele. Wie viele Jungen und wie viele Mädchen spielen mit? Es gibt sechs Möglichkeiten.

1 Lisa, Tom, Anna und Lars lösen die Aufgabe unterschiedlich.
Wie haben die Kinder die Aufgabe gelöst?
Suche dir einen Lösungsweg aus und löse die Aufgabe.

*Auf einer Wiese stehen Schafe und Enten. Insgesamt sind es neun Tiere mit zusammen 26 Beinen.
Wie viele Schafe und wie viele Enten sind es?*

2 Löse die Aufgaben.

a) *Im Stall leben Kühe und Hühner, zusammen sind es 15 Tiere.
Anna zählt 40 Beine.
Wie viele Kühe und wie viele Hühner sind im Stall?*

b) *Im Garten krabbeln Spinnen und Käfer
Lena zählt 56 Beine.
Wie viele Spinnen und wie viele Käfer krabbeln herum?*

3 Löse die Aufgaben. Eine Tabelle kann dir helfen. Du kannst auch eine Skizze zeichnen.

a) *Timo sagt: „Ich habe elf Münzen dabei. Es sind nur 2-€-Münzen, 1-€-Münzen und 50-Cent-Münzen.
Zusammen sind es 10 €.
Wie viele Münzen von jeder Sorte hat Timo dabei?*

b) *Lena sagt: „Ich habe auch elf Münzen.
Zusammen sind es auch 10 €.
Ich habe nur 2-€-Münzen, 50 Cent-Münzen und 20-Cent-Münzen."*

c) *Eric hat zwölf Münzen. Zusammen sind es auch 10 €.
Er hat nur 2-€-Münzen, 50-Cent-Münzen und 10-Cent-Münzen.*

a)

50 Cent	1 €	2 €
2	9	–
4		

Dividieren großer Zahlen

Das sind Maxi und Mini.
Sie sind schon lange befreundet und sie sind jeden Tag gemeinsam unterwegs. Sie können beide sehr gut springen. Natürlich springt Maxi viel weiter als Mini, sie ist ja viel größer. Für jeden Sprung von Maxi macht Mini immer 10 Sprünge. Sie treffen sich immer bei den Maxi-Zahlen.

1 a) Heute macht Maxi 60er-Sprünge. Mini macht 6er-Sprünge. Bei welchen Maxi-Zahlen treffen sie sich?

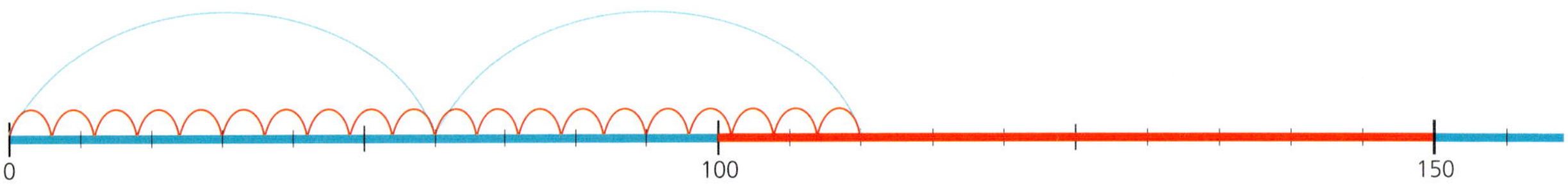

b) Maxi springt zur 120. Wie viele Sprünge macht sie? Schreibe 120 : 60 = ____ .

c) Mini springt auch zur 120. Wie viele Sprünge macht sie? 120 : 6 = ____ .

2 Wie viele 60er-Sprünge macht Maxi, wie viele 6er-Sprünge macht Mini?
Schreibe immer zwei Durch-Aufgaben zu den Maxi-Zahlen.

a) zur 180 b) zur 300 c) zur 420 d) zur 240 e) zur 60 f) zur 600

3 Maxi und Mini strengen sich an. Maxi schafft 80er-Sprünge, Mini 8er-Sprünge.
Wie viele Sprünge machen sie? Schreibe immer zwei Durch-Aufgaben.

a) zur 240 b) zur 400 c) zur 320 d) zur 480 e) zur 560 f) zur 800

4 Rechne die Aufgaben von Maxi (blau) und die Aufgaben von Mini (rot).
Die Durch-Aufgaben vom Einmaleins können dir helfen.

5 Wie geht es weiter? Wie heißen die Maxi-Zahlen?

a) 21 : 7 b) 45 : 9 c) 32 : 4 d) 35 : 5 e) 60 : 10

6 Schreibe alle drei Aufgaben.

a) 140 : 70 b) 240 : 30 c) 280 : 40 d) 270 : 9 e) 150 : 5

1 Mini macht 4er-Sprünge. Sie springt bis 252. Bis zu welcher Maxi-Zahl springt sie zuerst? Wie viele Sprünge macht sie?

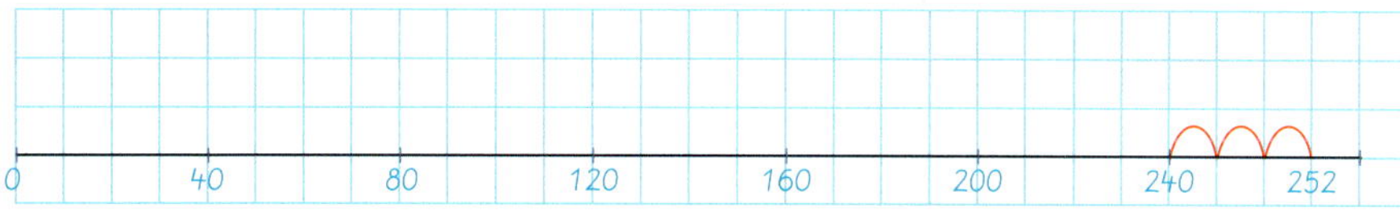

252 : 4 = 63
240 : 4 = 60
12 : 4 = 3

Zielzahl	4	40	200	240	12	252
Sprünge	1	10	50	60	3	63

252 : 4 = 63
200 : 4 = 50
40 : 4 = 10
12 : 4 = 3

2 Rechne auf deinem Weg.

a) 165 : 3
210 : 3
276 : 3

b) 300 : 4
252 : 4
168 : 4

c) 616 : 8
584 : 8
760 : 8

d) 34 : 2
78 : 2
102 : 2

e) 648 : 9
639 : 9
531 : 9

17 39 42 51 52 55 59 63 70 71 72 73 75 77 92 95

3 Bis zu welcher Maxi-Zahl muss Mini zuerst springen?

a) 370 : 5 | 90 : 5 | 260 : 5 | 480 : 5 | 155 : 5 | 315 : 5

50 | 150 | 250 | 300 | 350 | 450

b) 296 : 4 | 124 : 4 | 388 : 4 | 212 : 4 | 76 : 4 | 112 : 4

40 | 80 | 120 | 200 | 280 | 360

c) 203 : 7 | 308 : 7 | 511 : 7 | 406 : 7 | 602 : 7 | 455 : 7

140 | 280 | 350 | 420 | 490 | 560

4 a) 132 : 4
272 : 4
312 : 4

b) 252 : 3
114 : 3
201 : 3

c) 153 : 9
378 : 9
648 : 9

d) 185 : 5
275 : 5
485 : 5

17 33 37 38 42 55 67 68 72 78 84 97 98

5 a) 252 : 6
312 : 6
372 : 6

b) 656 : 8
576 : 8
496 : 8

c) 154 : 7
231 : 7
385 : 7

d) 168 : 4
216 : 4
376 : 4

22 33 42 42 43 52 54 55 62 62 72 82 94

Auch hier erst zur Maxi-Zahl.

1
a) 315 : 3
321 : 3
330 : 3

b) 408 : 4
424 : 4
432 : 4

c) 545 : 5
624 : 6
735 : 7

d) 945 : 9
832 : 8
749 : 7

102 104 104 105 105 105 106 106 107 107 108 109 110

2
a) 505 : 5
515 : 5
535 : 5

b) 404 : 4
448 : 4
416 : 4

c) 300 : 3
360 : 3
321 : 3

d) 660 : 6
630 : 6
618 : 6

e) 981 : 9
918 : 9
963 : 9

100 100 101 101 102 103 103 104 105 107 107 107 109 110 112 120

3
a) 505 : 5
495 : 5

b) 404 : 4
396 : 4

c) 306 : 6
294 : 6

d) 243 : 3
237 : 3

e) 497 : 7
483 : 7

f) 355 : 5
345 : 5

g) 164 : 4
156 : 4

h) 186 : 6
174 : 6

i) 568 : 8
552 : 8

j) 459 : 9
441 : 9

4

a) 

b) 

c) 

d) 

5

a) *Ich darf 210 Minuten in der Woche fernsehen. Wie viele Minuten sind das am Tag?*

b) *Ich habe 84 Tage Ferien im Jahr. Wie viele Wochen sind das?*

c) *Mein Buch hat 93 Seiten. Ich lese jeden Tag drei Seiten. Wie viele Tage brauche ich, um das Buch auszulesen?*

d) *Ich habe 225 Minuten Unterricht am Tag. Wie viele Schulstunden sind das?*

6 Addiere die vier Ergebnisse. Was fällt dir auf?

a) 100 : 20
100 : 2
100 : 4
100 : 5

b) 140 : 20
140 : 2
140 : 4
140 : 5

c) 220 : 20
220 : 2
220 : 4
220 : 5

d) *Kannst du auch so ein Päckchen finden?*

7

a) 

b) 

c) 

d) Zu welcher Kugelbahn passt die Regel?
Die Zielzahl ist sechsmal so groß wie die Startzahl.

e) Findest du die Regeln für die anderen Kugelbahnen?

Dividieren mit Geld

6 Tücher
7,20 €

4 Stück
3,84 €

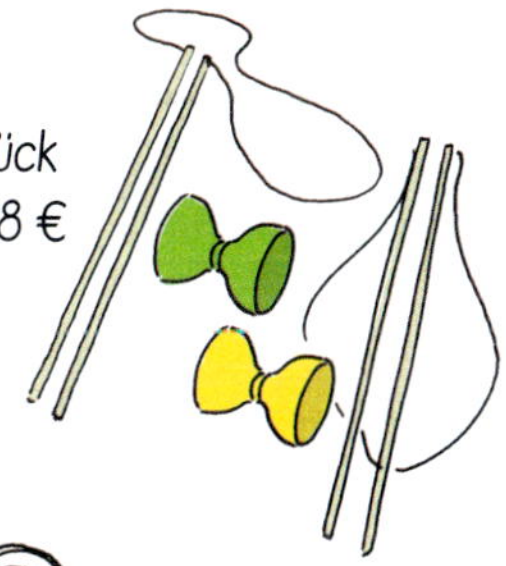

2 Stück
11,98 €

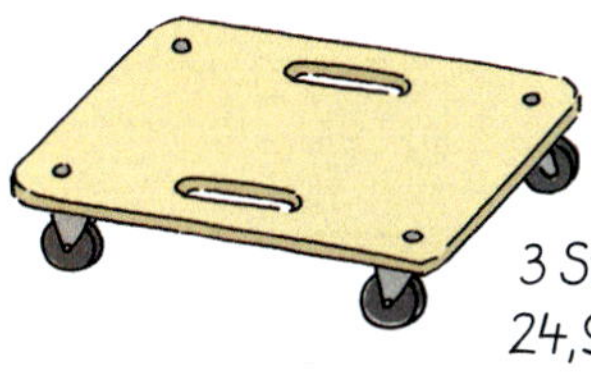

3 Stück
24,99 €

4 Paar
100 €

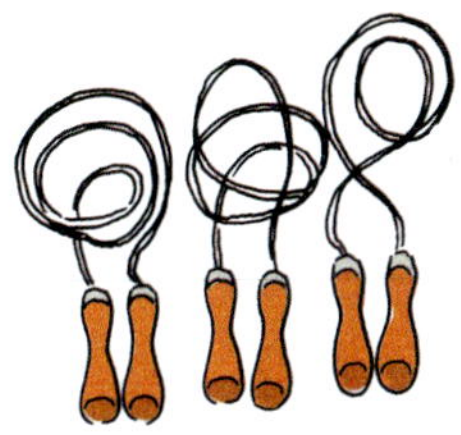

3 Stück
3,81 €

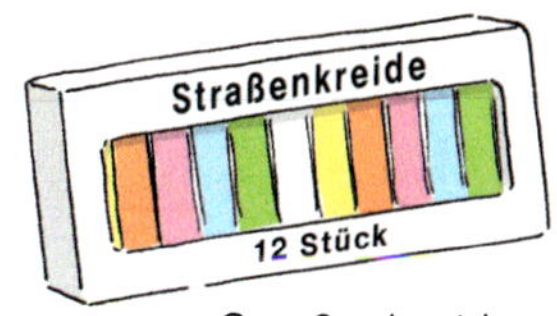

Straßenkreide
12er Pack
3,60 €

5 Stück
10,05 €

1 a) Frau Lipp kauft fünf Gummitwist. Jede Klasse bekommt eins. Wie teuer ist ein Gummitwist?

10,05 € : 5 =

10,00 € : 5 = 2,00 €
5 ct : 5 = 1 ct

b) Frau Sprick kauft vier Jonglierteller. Wie teuer ist ein Teller?

3,84 € : 4 =

3,60 € : 4 = 90 ct
24 ct : 4 = 6 ct

2 Wie teuer sind die Sachen einzeln?
a) ein Springseil b) ein Paar Stelzen c) ein Stück Straßenkreide d) ein Diabolo

3 Wie teuer ist es? Berechne zuerst den Preis für ein Teil.
a) vier Jongliertücher b) drei Paar Stelzen c) zwei Rollbretter d) fünf Jonglierteller

4

a)	b)	c)	d)
6,18 € : 6	3,18 € : 3	3,20 € : 4	5,94 € : 6
5,25 € : 5	6,18 € : 3	5,55 € : 5	4,44 € : 6
3,27 € : 3	8,20 € : 4	8,56 € : 8	2,44 € : 4

0,51 0,61 0,74 0,80 0,99 1,03 1,05 1,06 1,07 1,09 1,11 2,05 2,06

5 Beide Ergebnisse ergeben zusammen 2 Euro.

a)	b)	c)	d)
6,30 € : 6	5,76 € : 6	8,48 € : 8	7,83 € : 9
2,85 € : 3	5,20 € : 5	6,58 € : 7	3,39 € : 3

6 Alle sechs Ergebnisse ergeben zusammen 36 Euro.

a) 19,20 € | 28,80 € : 3 | 4 | 6

b) 4,50 € | 40,50 € : 2 | 5 | 10

7 a) Acht Freunde machen einen Ausflug zum Mühlen-Museum. Fahrt und Eintritt kosten zusammen 104 €. Wie viel muss jeder zahlen?

b) Sie kaufen frisch gebackene Brote und zahlen dafür 18,40 €. Sie teilen die Kosten unter sich auf.

c) Am Mittag holt Markus für alle belegte Brötchen. Er bezahlt 9,20 €.

Dividieren mit Rest

1 Kennst du noch Mini, die Springmaus? Sie macht 6er-Sprünge. Sie will bis 200 springen. Wie viele Sprünge macht sie? Erreicht sie genau die Zahl 200?

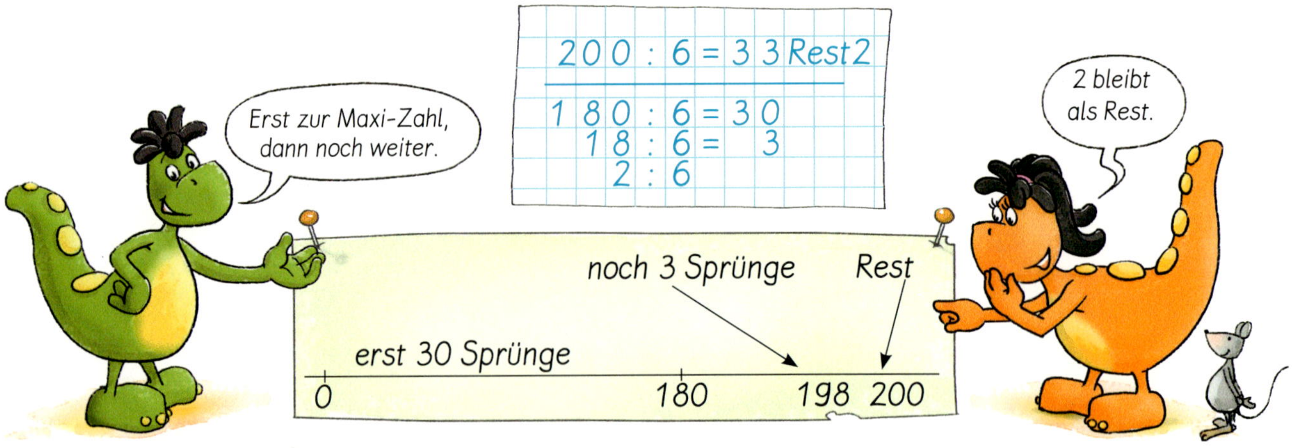

2

a)	b)	c)	d)
375 : 6	150 : 4	192 : 5	253 : 3
440 : 6	298 : 4	388 : 5	116 : 3
285 : 6	333 : 4	229 : 5	200 : 3

37 R 2   38 R 2   38 R 2   44 R 2   45 R 4   47 R 3   62 R 3   66 R 2   73 R 2   74 R 2   77 R 3   83 R 1   84 R 1

3

a) Teile durch 3:	140	153	88	250	277	192	310	202
b) Teile durch 4:	313	352	258	195	348	369	238	271
c) Teile durch 6:	259	338	525	496	407	504	337	446

d) Welche Zahlen kommen jeweils als Reste vor?

4 a) Teile durch 10: 71   96   183   425   637   699   712   834   928

b) Welche Zahlen kommen jeweils als Reste vor?

5 a) Teile durch 2: 35   98   125   270   302   486   501   777   864

b) Findest du die Regel? Eine Zahl ist durch 2 teilbar, wenn die letzte Ziffer ____.

6 a) Teile durch 5: 125   142   265   317   490   509   605   798   800

b) Wie heißt die Regel? Eine Zahl ist durch 5 teilbar, wenn die letzte Ziffer ____.

7 Rechne nur die Aufgaben ohne Rest.

a) Teile durch 10.   b) Teile durch 2.   c) Teile durch 5.

8 100   200   300   400   500   600

a) Teile die Hunderterzahlen durch 9. Welche Reste bleiben übrig?

b) Kannst du vorhersagen, welche Reste bei 700 und 800 übrig bleiben? Und bei 1000? Prüfe nach.

9 a) Teile die Zahlen in Aufgabe 8 durch 8. Bei welchen Zahlen bleibt ein Rest?

b) Kannst du vorhersagen, ob bei 700, 800, 900 ein Rest bleibt? Prüfe nach.

1 Wähle eine ZAHL zwischen 10 und 100.
- ➢ Nimm das zehnfache deiner ZAHL.
- ➢ Addiere 10.
- ➢ Streiche die letzte Ziffer weg.
- ➢ Subtrahiere das Ergebnis von 124.
- ➢ Addiere deine ZAHL.

Das Ergebnis deiner Rechnung findest du im STERN

$10 \cdot 22 = 220$
$220 + 10 = 230$
$124 - 23 = 101$
$101 + 22 = 123$

2 Wähle eine ZAHL zwischen 10 und 100.
- ➢ Nimm das Fünffache der ZAHL.
- ➢ Ziehe es von 615 ab.
- ➢ Verdopple das Ergebnis.
- ➢ Streiche die letzte Ziffer weg.
- ➢ Addiere deine ZAHL.

Schaue zum STERN!

3 Wähle eine ZAHL zwischen 10 und 100.
- ➢ Ziehe deine ZAHL von 333 ab.
- ➢ Verdopple ds Ergebnis.
- ➢ Addiere deine ZAHL.
- ➢ Ziehe 543 ab.
- ➢ Addiere nochmal deine ZAHL.

Immer wieder der STERN!

4 Wähle eine ZAHL zwischen 10 und 50.
- ➢ Verdopple deine ZAHL.
- ➢ Addiere 738.
- ➢ Halbiere das Ergebnis.
- ➢ Ziehe deine ZAHL ab.
- ➢ Teile das Ergebnis durch 3.

Du kommst nicht von dem STERN los!

5 Wähle eine ZAHL zwischen 200 und 400
- ➢ Ziehe deine ZAHL von 1001 ab.
- ➢ Subtrahiere 545.
- ➢ Addiere deine ZAHL.
- ➢ Teile das Ergebnis durch 3.
- ➢ ...

Was musst du jetzt noch tun, um den STERN zu finden?

Orientierung im Raum

1 Im Grundriss schaust du von oben auf die Dinge. Welche Dinge aus dem Foto erkennst du im Grundriss wieder? Tafel, Fenster, Dreiertische, Vierertisch, Sechsertisch, ...

2 Welche Dinge fehlen im Grundriss? Welche fehlen im Foto? Warum?

3 Schau genau! Wer sitzt

a) links von Peter, b) rechts von Mia, c) gegenüber von Lilo?

4 Schau genau!

a) An einem Dreiertisch sitzt ein Mädchen gegenüber einem Jungen. Wie heißen die beiden?

b) Wer sitzt an einem Dreiertisch zwei Jungen gegenüber?

c) Am Vierertisch hat ein Mädchen eine rechte Nachbarin. Welches Mädchen ist es?

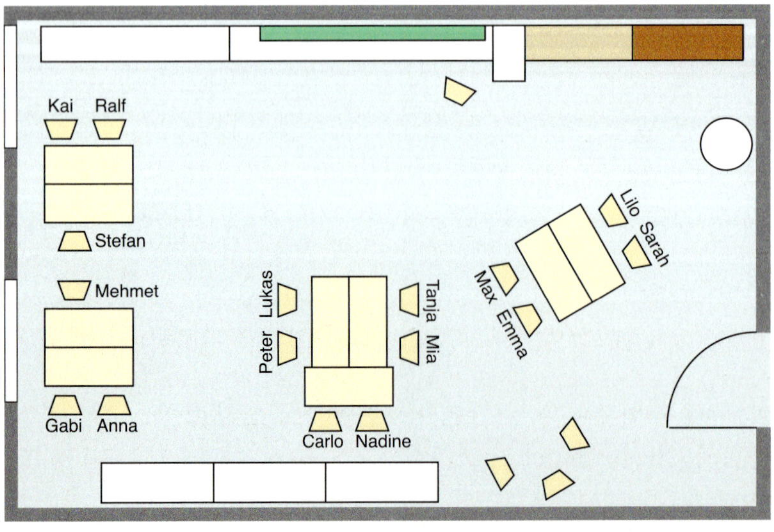

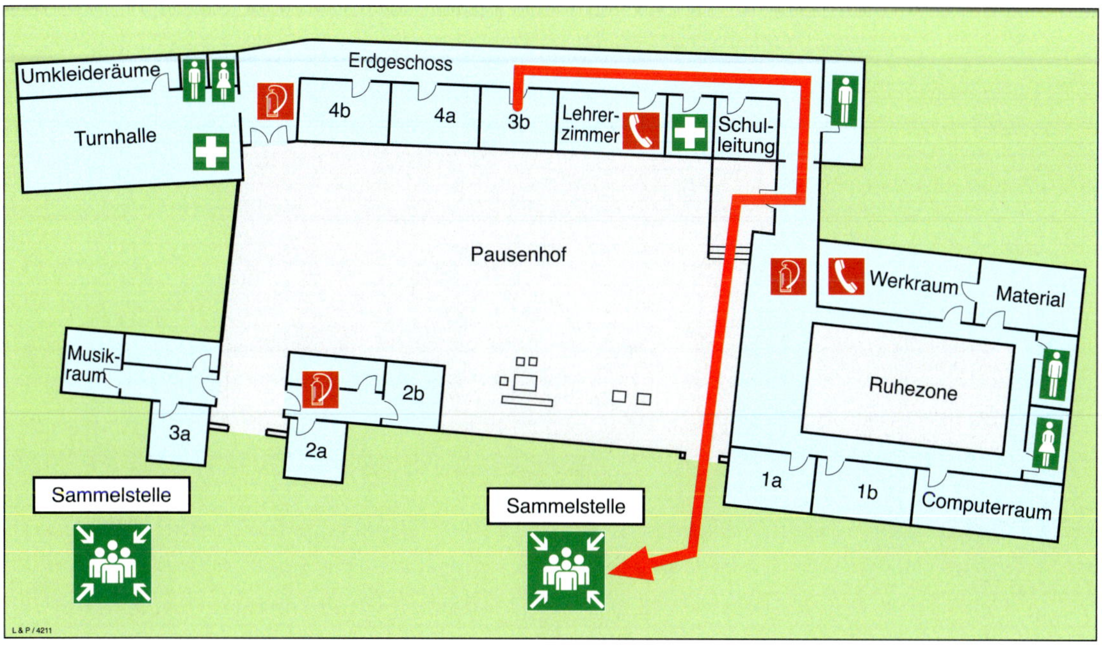

1 Das ist der Grundriss einer Schule. Was bedeuten diese Zeichen?
Wo findest du sie im Grundriss der Schule?

a) 
b) 
c) 
d) 
e) 
f) 

2 a)

Paul geht aus dem Werkraum rechts hinaus, dann wieder rechts. Am Ende des Ganges biegt er links ab und geht dann links durch die erste Tür. Wer arbeitet dort?

b)

Tina geht aus der Klasse 4b links hinaus, dann wieder links durch die Tür, dann die nächste Tür rechts hinein und geradeaus durch die nächste Tür. Wo kommt sie an?

3 Beschreibe den Weg.

a) Lilo geht vom Werkraum in die Klasse 3b.
b) Mark geht von der Klasse 4a in den Werkraum.
c) Kaja geht vom Computerraum zum Lehrerzimmer.

4 a) Was bedeuten die Zeichen?
b) Welches Schild hängt gegenüber der Klasse 3b?
c) Welches Schild hängt gegenüber der Klasse 2a?
d) Findest du in deiner Schule auch solche Schilder?

① 

② 

5 Der rote Pfeil im Grundris zeigt den Fluchtweg für die Klasse 3b.
Er zeigt, wohin die Kinder bei Feueralarm gehen sollen. Beschreibe den Fluchtweg.

6 Zeige und beschreibe, welche Fluchtwege bei Feueralarm sinnvoll sind.

a) Die Klasse 4a ist in ihrem Klassenzimmer.
b) Die Klasse 2a ist im Musikraum.
c) Die Klasse 1b ist im Computerraum.
d) Die Klasse 3a hat Werken.

Wegeplan

1 Was kannst du alles im Stadtplan sehen? Erzähle.

2 Der Plan ist in Quadrate eingeteilt. Jedes Quadrat hat einen Namen.
Die Apotheke liegt im Quadrat C2.

a) C2 b) ____ c) ____ d) ____ e) ____ f) ____ g) ____ h) ____ i) ____

3 Zeige die Wege und schreibe die Straßen auf.

a)

Birkenweg – Lindenstraße –

b)

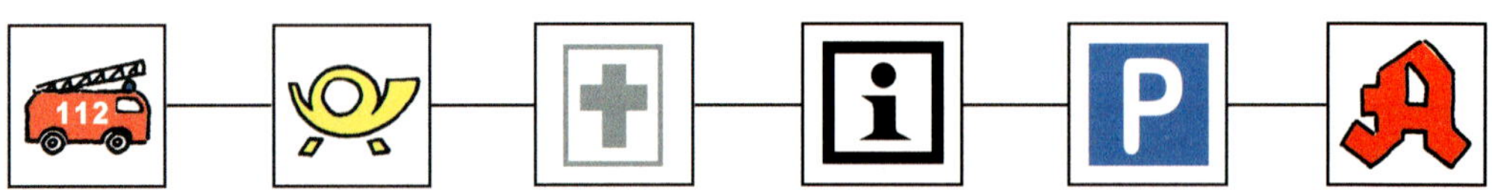

4 Wie kommen die Kinder zur Grundschule?

1 Ordne zu. Wer sieht das Haus der Familie Müller so?

A

B

C

D

2 Wahr oder falsch?

a) Vater sieht Mutter.

b) Die Kinder sehen den Briefträger.

c) Der Nachbar sieht Vater.

d) Die Kinder spielen im Garten.

e) Mutter schaukelt.

f) Der Nachbar sieht das Auto.

3 Zwei Grundrisse des Erdgeschosses. Welcher passt zu dem Haus von Familie Müller?

a)

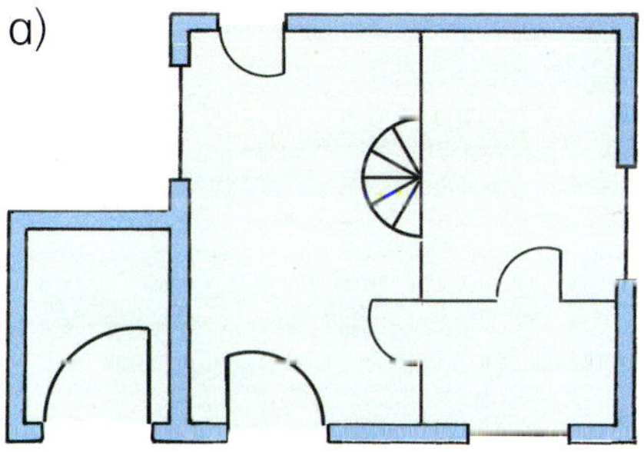

b)

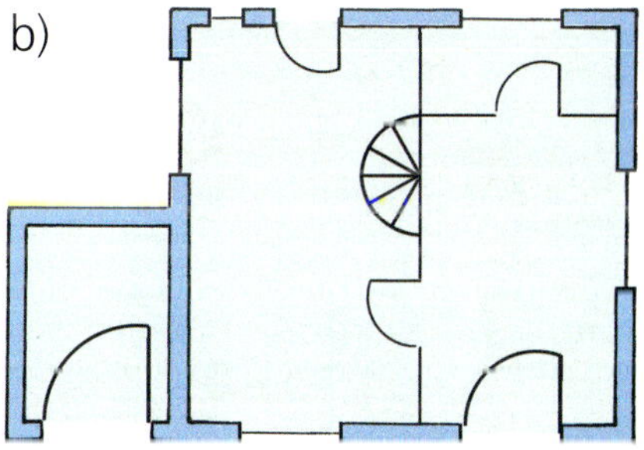

4 Zwei Grundrisse des 1. Stocks. Welcher passt zu dem Haus von Familie Müller?

a)

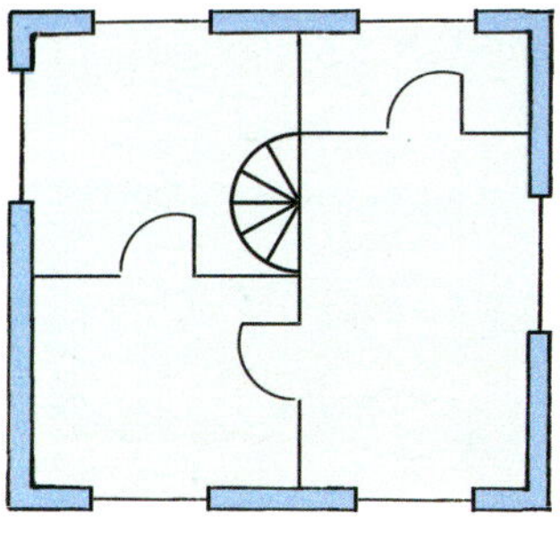

b)

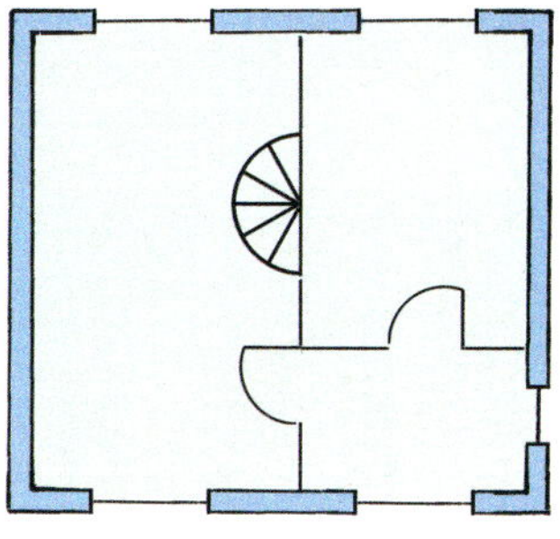

Bauen nach Plan

1 a) Welches Gebäude passt zu welchem Plan?
b) Schreibe zu dem übrig gebliebenen Gebäude selbst einen Plan.

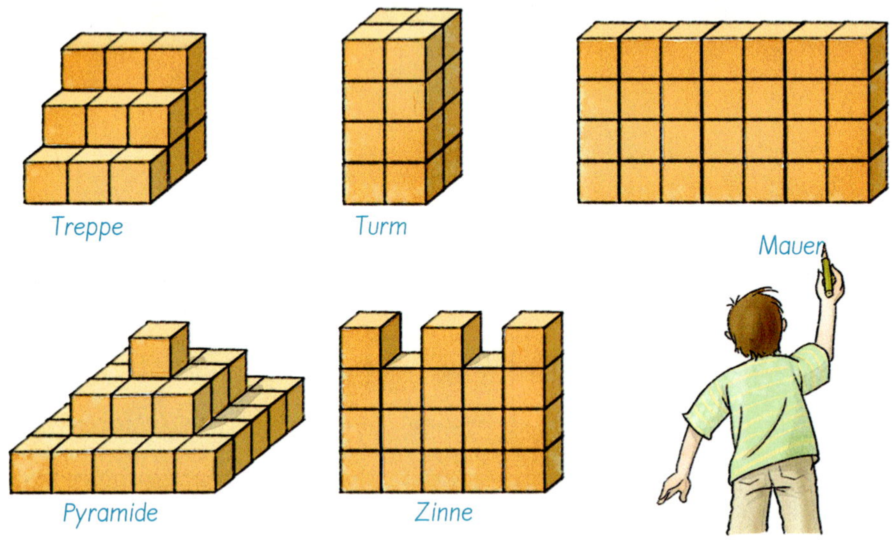

a)

1	1	1	1	1
1	2	2	2	1
1	2	3	2	1
1	2	2	2	1
1	1	1	1	1

b)

4	4
4	4

c)

4	4	4	4	4	4	4

d)

3	3	3
2	2	2
1	1	1

2 Wie viele kleine Würfel werden in jedem der Gebäude von Aufgabe 1 verbaut?
Der Plan kann dir helfen.

3 Ordne. Was ist eine Mauer, ein Turm, eine Treppe, eine Pyramide, eine Zinne?
Prüfe nach durch Bauen.

a)

5

b)

3	3	3	3

c)

1	2	3	4	5

d)

1	1	1
2	2	2
3	3	3

e)

1	1	1
1	2	1
1	1	1

f)

1	2	3	2	1

g)

3	2	3	2	3

4 Hier wird es schwieriger. Schreibe zu diesen Gebäuden Baupläne.

a) 

b) 

c) 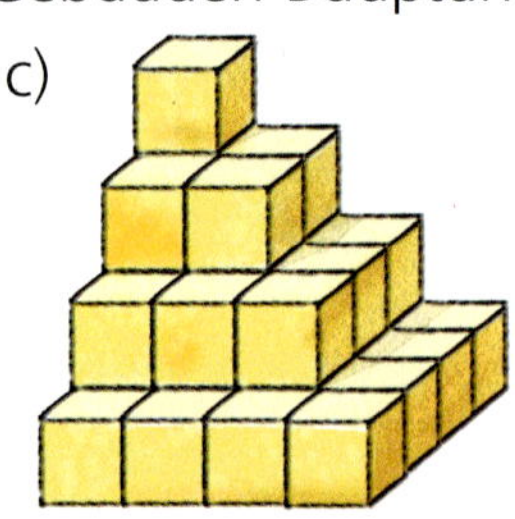

d) 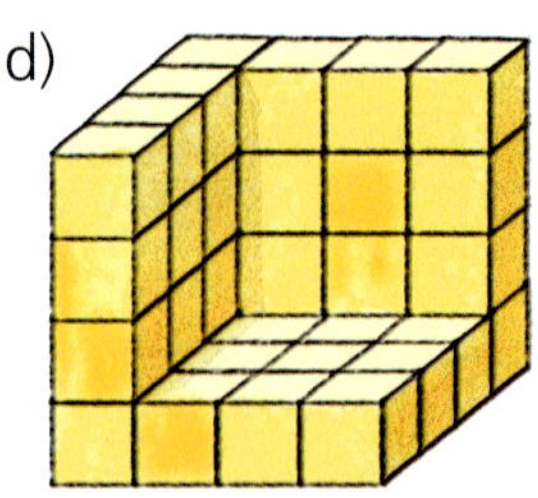

5 Wie viele kleine Würfel werden in jedem der Gebäude von Aufgabe 4 verbaut?
Der Plan kann dir helfen.

6 Einer baut und zeichnet den Plan. Dann gibt er den Plan seinem Nachbarn.
Der Nachbar baut nach dem Plan.

1 Der kürzeste Weg zum Blatt?
Schreibe alle Möglichkeiten auf.

a)

Es gibt zwei Möglichkeiten.

b) Es gibt sechs Möglichkeiten.

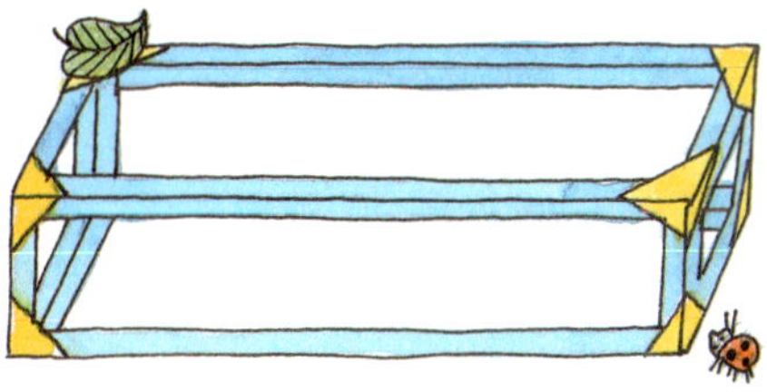

2 Welche Form hat die Schnittfläche?
Ordne zu.

a)

b)

c)

d)

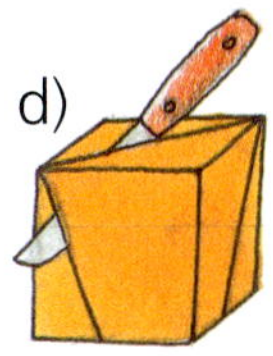

A B C D

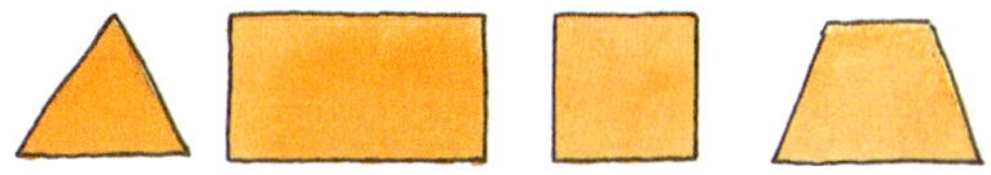

3 Ein Würfel trägt auf seinen sechs Flächen folgende Zeichen:

Welches Zeichen befindet sich auf der gegenüberliegenden Seite von

a)  b)  c)  ?

4

Wer sieht es so?

a)

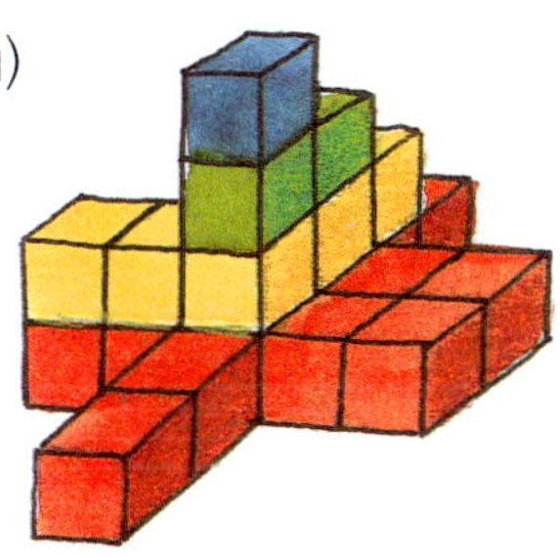

b)

c)

d)

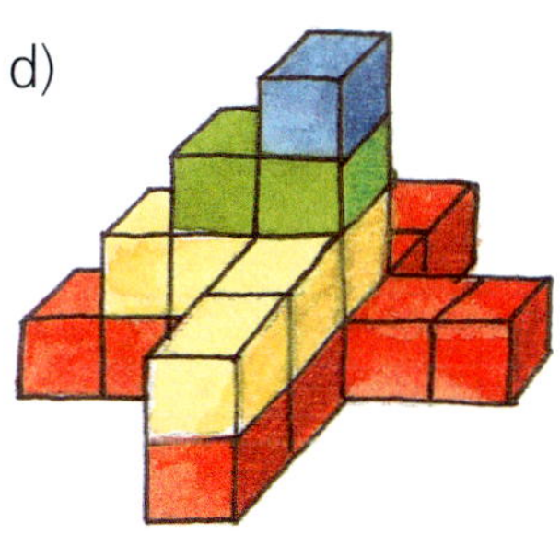

Versuchen – Erklären – Rechnen – Antworten

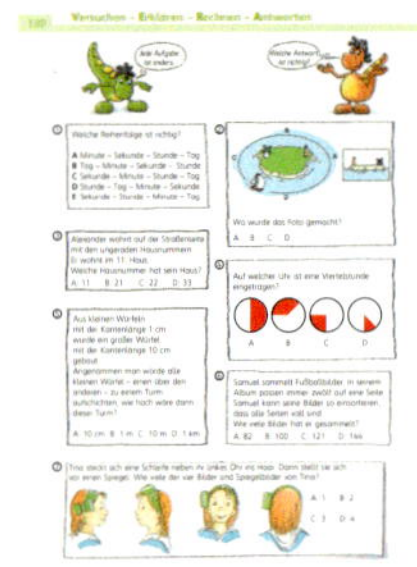

① Welche Reihenfolge ist richtig?

A Minute – Sekunde – Stunde – Tag
B Tag – Minute – Sekunde - Stunde
C Sekunde – Minute – Stunde – Tag
D Stunde – Tag – Minute – Sekunde
E Sekunde – Stunde – Minute – Tag

②

Wo wurde das Foto gemacht?

A B C D

③ Alexander wohnt auf der Straßenseite mit den ungeraden Hausnummern.
Er wohnt im 11. Haus.
Welche Hausnummer hat sein Haus?

A: 11 B: 21 C: 22 D: 33

④ Auf welcher Uhr ist eine Viertelstunde eingetragen?

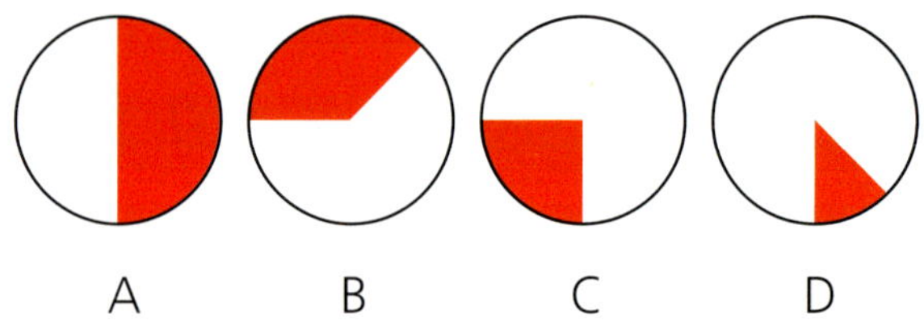

⑤ Aus kleinen Würfeln mit der Kantenlänge 1 cm wurde ein großer Würfel mit der Kantenlänge 10 cm gebaut.
Angenommen man würde alle kleinen Würfel – einen über den anderen – zu einem Turm aufschichten, wie hoch wäre dann dieser Turm?

A: 10 cm B: 1 m C: 10 m D: 1 km

⑥ Samuel sammelt Fußballbilder. In seinem Album passen immer zwölf auf eine Seite.
Samuel kann seine Bilder so einsortieren, dass alle Seiten voll sind.
Wie viele Bilder hat er gesammelt?

A: 82 B: 100 C: 121 D: 144

⑦ Tina steckt sich eine Schleife neben ihr linkes Ohr ins Haar. Dann stellt sie sich vor einen Spiegel. Wie viele der vier Bilder sind Spiegelbilder von Tina?

A: 1 B: 2

C: 3 D: 4

① Wie viele zweistellige Zahlen gibt es, bei denen die Einer-Ziffer größer als die Zehner-Ziffer ist?

A: 30 B: 36 C: 42 D: 50

② Sven möchte Erdnüsse kaufen.
Er kann zwischen vier Dosen wählen.
Welches Angebot ist das günstigste?
Tipp: Berechne den Preis für 1 kg.

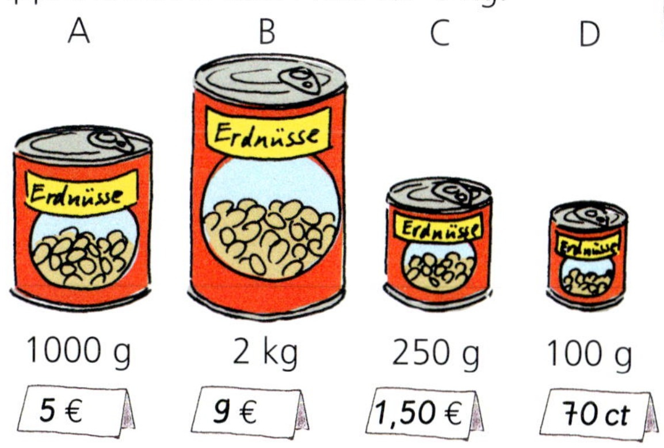

③ Tobias hatte vorgestern Geburtstag.
Übermorgen ist Freitag.
Auf welchen Wochentag fiel der Geburtstag von Tobias?

A	B	C	D
Mittwoch	Dienstag	Sonntag	Montag

④ Beim Stadtlauf gehen in Lenas Startgruppe 28 Teilnehmer an den Start. Die Anzahl der Läufer, die vor Lena das Ziel erreichen, ist halb so groß wie die Anzahl derjenigen, die hinter Lena ins Ziel kommen.
Welchen Platz belegt Lena?

A: 9 B: 10 C: 11 D: 14

⑤ Fünf Freunde klettern in der Kletterhalle an einer Kletterwand hinauf.
Max kommt höher als Jana, aber nicht so hoch wie Sofia. Kai kommt höher als Levi, aber nicht so hoch wie Max.

Wer ist am höchsten geklettert?

A: Sofia B: Levi C: Max D: Kai E: Jana

⑥ Im Stadtpark stehen rechts am Weg zehn Laternen im gleichen Abstand hintereinander.
Kaja schafft es von einer Laterne zur nächsten mit sieben Sprüngen.
Wie viele Sprünge braucht Kaja von der ersten bis zur zehnten Laterne?

A: 70 B: 49 C: 63 D: 56

⑦ Tom spielt Glücksrad. Blau gewinnt.
Welches Rad sollte er drehen?

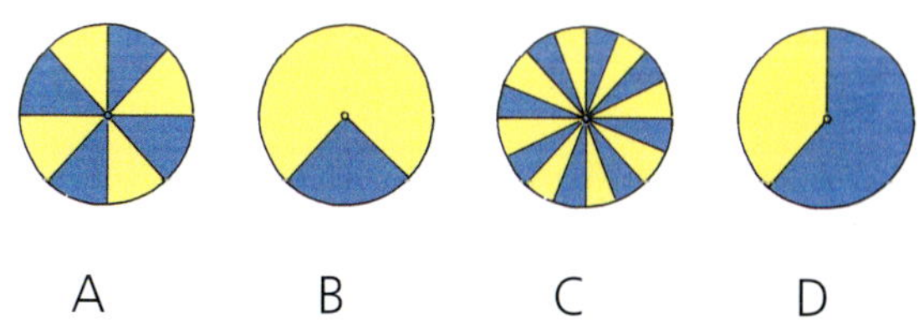

⑧ Die beiden Waagen sind im Gleichgewicht.

Trage die fehlenden Gewichte ein. Baustein: ___ kg Sack: 3 kg Dose: ___ kg

Schriftliches Subtrahieren

1 Frau Becker hat 635 €. Sie kauft einen Rasenmäher für 352 €. Wie viel Geld hat sie noch?

Zuerst die Einer,

dann die Zehner,

weiter mit den Zehnern

dann die Hunderter

2 Lege mit Rechengeld. An welcher Stelle musst du wechseln?

a)	b)	c)	d)	e)	f)
H Z E	H Z E	H Z E	H Z E	H Z E	H Z E
4 1 8	4 2 5	4 5 1	5 6 0	5 0 7	8 7 2
– 2 6 4	– 2 8 3	– 3 2 9	– 2 3 6	– 2 5 4	– 6 3 8

122 134 142 154 234 253 324

3 Hier musst du an zwei Stellen wechseln. Erkläre.

Zuerst die Einer,

1 Z wechseln in 10 E.
Es sind 16 E und 3 Z.
16 E – 7 E = 9 E

dann die Zehner,

1 H wechseln in 10 Z.
Es sind 13 Z und 4 H.
13 Z – 5 Z = 8 Z

dann die Hunderter

4 H – 1 H = 3 H

4 Rechne ebenso.

a)	b)	c)	d)	e)	f)
H Z E	H Z E	H Z E	H Z E	H Z E	H Z E
6 3 2	4 2 6	7 2 4	5 2 1	8 3 5	6 1 4
– 2 7 8	– 2 3 8	– 3 4 7	– 3 7 9	– 4 6 8	– 2 0 8

142 188 254 354 367 377 406

5 Schreibe stellengerecht: Einer unter Einer, Zehner unter Zehner, Hunderter unter Hunderter.

a) 684 – 291 b) 871 – 254 c) 933 – 745 d) 731 – 466

1 Erst die Einer,

2 Rechne ebenso.

	a)	b)	c)	d)	e)	f)
	H Z E	H Z E	H Z E	H Z E	H Z E	H Z E
	8 0 2	6 0 4	7 0 2	5 0 3	9 0 6	5 0 7
−	4 7 6	2 5 7	5 3 8	3 6 8	4 4 8	1 8 8

135 164 319 326 347 447 458

3 Nullen im Ergebnis.

a) 947 − 339 b) 963 − 456 c) 783 − 243 d) 687 − 179 e) 956 − 447 f) 867 − 357

507 508 509 510 540 608 609

4 Nullen in den Zahlen.

a) 708 − 473 b) 905 − 469 c) 727 − 508 d) 839 − 403 e) 604 − 88 f) 1000 − 474

219 235 335 436 436 516 526

5 Immer zwei Fehler-Aufgaben gehören in eine Schublade. Überprüfe und ordne zu. Dann rechne richtig.

a) 8 6 11 − 3 4 7 = 5 2 4

b) 4 9 2 − 2 4 = 2 5 3

c) (5 13) 6 4 18 − 3 2 6 = 2 1 2

d) (4 13) 5 3 13 − 3 9 9 = 1 2 6

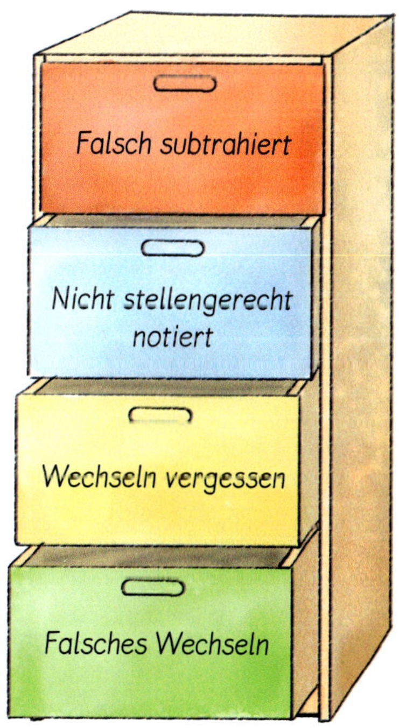

e) 4 6 3 − 2 7 5 = 2 1 2

f) 4 6 3 − 2 7 5 = 2 9 8

g) (5 10) 6 1 15 − 3 2 3 = 2 8 2

h) 1 0 9 9 − 1 0 1 = 8 9

6 Vier Aufgaben sind falsch. In welche Schublade gehören sie? Rechne richtig.

a) 8 5 7 − 3 4 0 = 5 1 7

b) (3 12) 4 3 8 − 2 1 5 = 1 1 3

c) (4) 6 5 14 − 2 0 6 = 4 4 8

d) (4) 5 18 3 − 4 9 = 9 3

e) (10) 7 1 12 − 6 3 3 = 1 7 9

f) 7 6 4 − 4 5 7 = 3 1 3

Bausteine des Wissens und Könnens

Fachbegriffe richtig anwenden

Addiere 140 und 70.
Die **Summe** ist 210. 140 + 70 = 210

Subtrahiere 70 von 120.
Die **Differenz** ist 50. 120 – 70 = 50

Multipliziere 4 und 70.
Das **Produkt** ist 280. 4 · 70 = 280

Dividiere 350 durch 7.
Der **Quotient** ist 50. 350 : 7 = 50

Beim **Dividieren** kann
ein **Rest** auftreten. 30 : 7 = 4 Rest 2

28 ist durch 7 **teilbar**, 30 nicht.

Rechengesetze ausnutzen

Aufgabe und Tauschaufgabe

3 + 48 = 51 denn 48 + 3 = 51
34 · 2 = 68 denn 2 · 34 = 68

Aufgabe und Umkehraufgabe

32 : 8 = 4 denn 4 · 8 = 32

Subtrahieren als Ergänzen

62 – 58 = 4 denn 58 + 4 = 62

Den Zahlenraum bis 1000 kennen

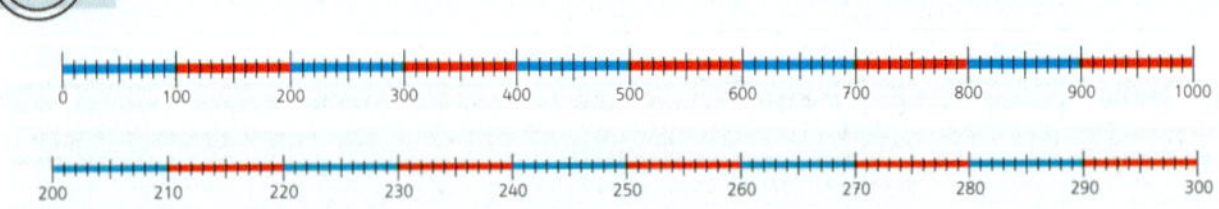

Zahlen zerlegen in Hunderter, Zehner und Einer

234 = 2 H + 3 Z + 4 E

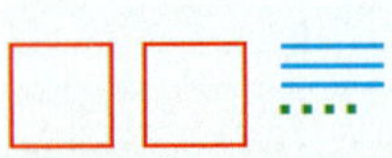

105 = 1 H + 5 E

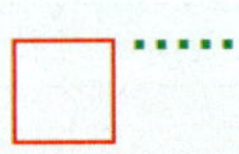

Zahlen der Größe nach vergleichen

101 < 1000 101 ist kleiner als 1000
321 > 298 321 ist größer als 298

Nachbarzahlen bestimmen

Vorgänger	Zahl	Nachfolger
762	763	764

Nachbarzehner

760	763	770

Nachbarhunderter

700	763	800

Im Kopf addieren, subtrahieren und ergänzen

456 + 500	753 – 400	340 + ___ = 740
456 + 50	753 – 40	340 + ___ = 370
456 + 5	753 – 4	340 + ___ = 402

In Schritten addieren

460 + 270

460 + 270 = 730
460 + 200 = 660
660 + 70 = 730

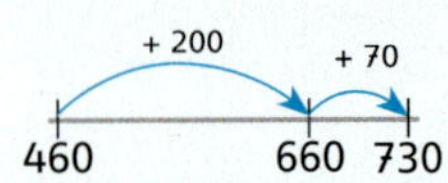

460 + 270 = 730
400 + 200 = 600
60 + 70 = 130

278 + 45

278 + 45 = 323
278 + 40 = 318
318 + 5 = 323

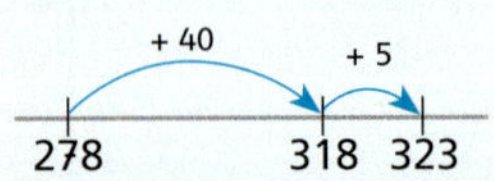

278 + 45 = 323
270 + 40 = 310
8 + 5 = 13

In Schritten subtrahieren

460 – 270

460 – 270 = 190
460 – 200 = 260
260 – 70 = 190

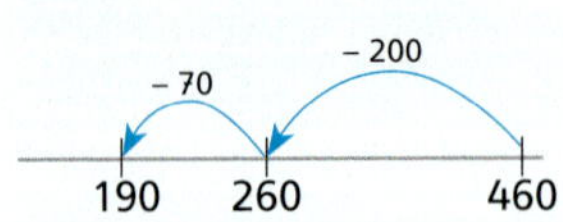

460 – 270 = 190
460 – 60 = 400
400 – 200 = 200
200 – 10 = 190

534 – 45

534 – 45 = 489
534 – 40 = 494
494 – 5 = 489

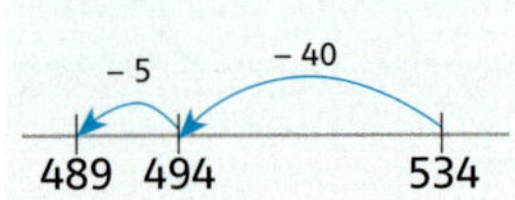

534 – 45 = 489
534 – 34 = 500
500 – 11 = 489

Diese Aufgaben sollen die Kinder auswendig wissen oder automatisiert lösen können.

Diese Aufgaben sollen die Kinder mit guten Strategien rechnen.

Schriftlich addieren

	3	8	6
+	2 [1]	4	3
	6	2	9

4 Z + 8 Z = 12 Z = 1 H 2 Z
Schreibe 2 Z,
übertrage 1 H

	3	8	8
+	2	2	3
+	2 [2]	9 [1]	2
	9	0	3

Überschlag:
400 + 200 + 300 = 900

Entscheiden, ob im Kopf oder schriftlich gerechnet wird

300 + 418   199 + 245   267 + 458

Schriftlich subtrahieren

	5	3 [10]	7
−	3 [1]	5	4
	1	8	3

5 Z + 8 Z = 13 Z
Schreibe 8 Z,
übertrage 1 H

	7	1 [10]	4 [10]
−	2 [1]	8 [1]	8
	4	2	6

Überschlag:
700 − 300 = 400

Entscheiden, ob im Kopf oder schriftlich gerechnet wird

750 − 320   401 − 120   837 − 276
750 − 302   245 − 199   524 − 276

Aufgaben des kleinen Einmaleins auswendig wissen

8 · 7   10 · 6
9 · 3   0 · 8
6 · 6   1 · 0

24 : 6   70 : 7
24 : 8   0 : 9
24 : 3   0 : 1

Große Zahlen multiplizieren

5 · 3 = 15
5 · 30 = 150

5 · 37 = 185
5 · 30 = 150
5 · 7 = 35

3 · 207 = 621
3 · 200 = 600
3 · 7 = 21

Große Zahlen dividieren

15 : 3 = 5
150 : 30 = 5
150 : 3 = 50

171 : 3 = 57
150 : 3 = 50
21 : 3 = 7

621 : 3 = 207
600 : 3 = 200
21 : 3 = 7

Raumvorstellung und Formerfahrung gewinnen

Körper

Quader

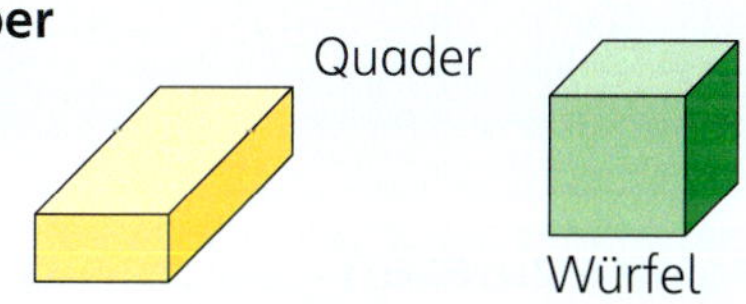

Würfel

8 Ecken
12 Kanten
6 Flächen

Ebene Figuren

Rechteck

Quadrat

Dreieck

Achsensymmetrie

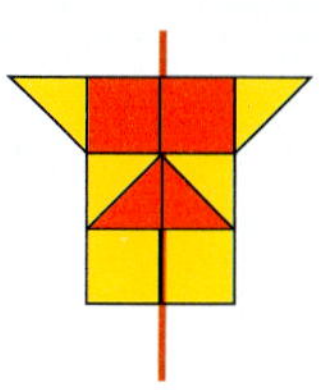

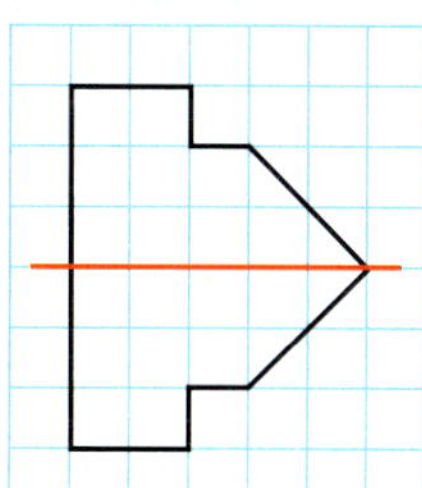

Daten und Häufigkeiten darstellen

Tabelle

Lesen	6
Turnen	9
Musizieren	3
Basteln	6

Kreisdiagramm

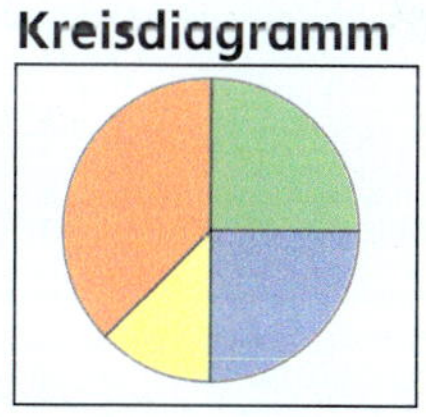

Balkendiagramm

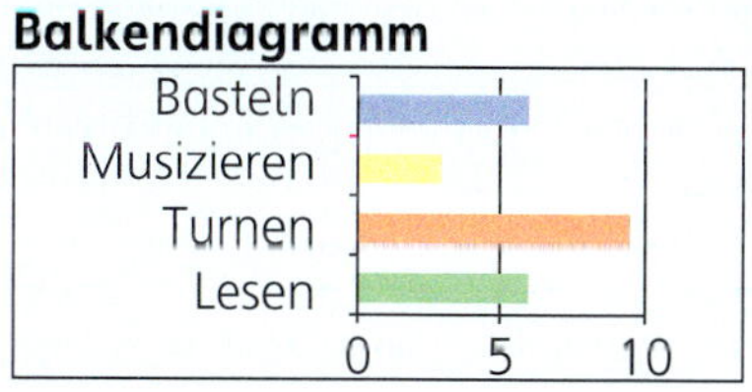

Wahrscheinlichkeiten einschätzen

Würfeln mit zwei Würfeln

Augensumme	
7	möglich
1	unmöglich
größer als 1	sicher
2	selten
größer als 3	häufig

Zahlen ABC

0
X

1	2	3	4	5	6	7	8	9	10	24	28	36	40	42
T	H	L	A	E	S	N	O	I	M	H	O	A	L	E

45	48	56	60	63	64	70	72	78	80	81	84	90	96	99
I	S	T	M	N	R	G	F	S	B	**Ü**	K	A	D	U

100	105	108	112	117	120	126	128	132	135	136	140	144	147	150
C	L	P	A	R	**Ö**	D	N	**Ä**	O	V	N	U	E	T

153	156	160	162	168	171	175	180	184	189	190	192	195	196	198
N	S	D	I	B	Z	G	S	K	H	A	I	E	T	F

200	204	210	216	220	224	225	234	240	245	252	255	261	264	270
D	**Ü**	B	K	L	W	R	S	C	H	H	A	L	O	E

276	280	285	288	297	300	306	312	315	336	350	360	369	378	396
I	F	T	**Ä**	M	R	G	S	F	O	K	W	**Ü**	V	A

400	405	420	432	450	456	468	475	480	495	500	504	522	539	540
U	N	M	E	L	G	H	R	B	C	T	U	G	F	Z

552	560	567	576	594	600	603	616	630	648	665	672	684	693	696
V	A	N	**Ö**	I	D	M	O	W	A	E	L	H	N	T

700	702	712	720	736	747	760	774	783	792	800	801	810	828	837
L	L	P	A	R	N	D	H	O	F	H	A	**Ü**	B	L

855	864	873	882	891	900	906	910	925	939	948	960	979	981	1000
E	I	J	C	K	O	M	R	S	U	Z	W	V	A	L

Größen ordnen, umwandeln und in verschiedenen Schreibweisen darstellen

Längen

Kilometer	Meter	Zentimeter	Millimeter	
1 km = 1000 m	1 m = 100 cm	1 cm = 10 mm		235 cm = 2 m 35 cm = 2,35 m
$\frac{1}{2}$ km = 500 m	$\frac{1}{2}$ m = 50 cm	$\frac{1}{2}$ cm = 5 mm		250 cm = 2 m 50 cm = 2,5 m
				50 cm = $\frac{1}{2}$ m = 0,5 m

Gewicht

Kilogramm Gramm

1 kg = 1000 g

$\frac{1}{2}$ kg = 500 g

1 g

20 g

250 g

1 kg

10 kg

Zeit

Jahr Monat Woche Tag Stunde Minute Sekunde

1 Jahr hat 12 Monate. 1 Jahr hat 365 Tage oder 366 Tage (Schaltjahr).

1 Monat hat 28, 29 (Schaltjahr), 30 oder 31 Tage, ein Monat hat etwas mehr als 4 Wochen.

1 Woche = 7 Tage 1 Tag = 24 Stunden 1 Stunde = 60 Minuten 1 Minute = 60 Sekunden